普通高等教育"十一五"系列教材

PUTONG GAODENG JIAOYU SHIYIWU XILIE JIAOCAI

DIANLI DIANZI JISHU

电力电子技术

主　编　李先允
副主编　讲宁秋
编　写　王　琦　许　峰
主　审　郑建勇

中国电力出版社

CHINA ELECTRIC POWER PRESS

内 容 提 要

本书为普通高等教育"十一五"系列教材。

本书是一本从工程应用的角度介绍电力电子技术的教材，主要介绍 AC—DC 变换电路（可控整流电路）、DC—DC 变换电路（直流斩波电路）、DC—AC 变换电路（逆变电路）、AC—AC 变换电路（交流调压和变频电路）、电力电子保护电路以及晶闸管触发电路的基本原理及应用举例，并结合教材内容举例介绍了基于 Matlab 的电力电子仿真技术。为方便学生理解掌握教材内容，本书配套编写了习题集和多媒体课件。

本教材主要作为电气信息类专业的本科教材，也可作为相关专业高职高专院校教材，同时还可作为相关工程技术人员的参考用书。

图书在版编目（CIP）数据

电力电子技术/李先允主编. —北京：中国电力出版社，2006.9（2024.11重印）

普通高等教育"十一五"规划教材

ISBN 978 - 7 - 5083 - 4632 - 8

Ⅰ. 电…　Ⅱ. 李…　Ⅲ. 电力电子学－高等学校－教材
Ⅳ. TM1

中国版本图书馆 CIP 数据核字（2006）第 106461 号

中国电力出版社出版、发行
（北京市东城区北京站西街 19 号　100005　http://www.cepp.sgcc.com.cn）
北京雁林吉兆印刷有限公司印刷
各地新华书店经售

*

2006 年 9 月第一版　2024 年 11 月北京第十八次印刷
787 毫米×1092 毫米　16 开本　9 印张　212 千字
定价 27.00 元

前　言

为贯彻落实教育部《关于进一步加强高等学校本科教学工作的若干意见》和《教育部关于以就业为导向深化高等职业教育改革的若干意见》的精神，加强教材建设，确保教材质量，中国电力教育协会组织制订了普通高等教育"十一五"教材规划。该规划强调适应不同层次、不同类型院校，满足学科发展和人才培养的需求，坚持专业基础课教材与教学急需的专业教材并重、新编与修订相结合的原则。本书为新编教材。

目前，电力电子技术已成为电气工程学科中重要的分支。其主要任务是实现电能的变换与控制，是电气工程学科强弱电之间联系的桥梁。随着新型器件的诞生，电力电子技术的应用领域越来越广，对高等院校教学的内容和方法提出了新的挑战，为此，作者编写了这本适用于工程应用教学要求的教材。

本书主要由三部分组成。第一部分是电力电子器件，是本课程的基础部分，重点介绍器件的选择和使用。第二部分是电路分析方法，是本课程的核心部分，主要介绍 AC—DC、DC—AC、DC—DC 和 AC—AC 四种电路的分析方法和定量计算方法。第三部分是仿真技术，主要介绍常用的 Matlab 软件在电力电子技术中的基础应用。同时，在本教材中也介绍了 PWM 控制技术和软开关技术，帮助学生了解电力电子技术的发展过程及发展趋势。本教材每章第一节前均介绍了教学的目的和要求，供教师和学生参考。为方便学生理解掌握教材内容，本书配套编写了习题集和多媒体课件，教学需要者可与出版社联系。

本书绪论、第七章和 Matlab 仿真部分由南京工程学院李先允老师编写，第二章由南京师范大学王琦老师编写，第三章由南京工程学院许峰老师编写，其余各章由南京师范大学姜宁秋老师编写。南京师范大学硕士生王书征为本书提供了仿真计算。全书由李先允统稿。

东南大学郑建勇教授主审了本书，并提出了许多宝贵的意见，使编者受益匪浅。本书的编写也得到了南京工程学院陆丹红老师的帮助。同时，本书也参考了许多同行及前辈编写的专著和教材。对此一并表示感谢。

由于编者学识有限，编写仓促，书中的疏漏和错误之处在所难免，敬请使用本教材的老师和同学批评指正。

编　者

2006 年 7 月

目　录

第一章　绪　　论

一、电力电子技术及特点

国际电气和电子工程师协会（1EEE）的电力电子学会对电力电子技术的定义是："有效地使用电力半导体器件，应用电路和设计理论以及分析开发工具实现对电能的高效能变换和控制的一门技术，它包括电压、电流、频率和波形等方面的变换"。因此电力电子技术包括电力电子器件、变流电路和控制电路三个部分，其中电力电子器件是电力电子技术发展的基础和关键。图 1-1 给出了电力电子变换系统框图。1974 年美国的 W. Newell 用图 1-2 的倒三角形对电力电子学进行了描述。

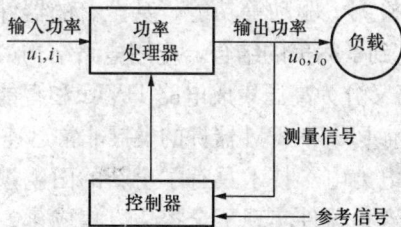

图 1-1　电力电子变换系统框图　　　图 1-2　电力电子技术倒三角关系图

电力电子技术广泛用于电力系统中，如高压直流输电、静止无功补偿、电力机车牵引、交直流电力传动、电解、励磁、电加热、高性能交直流电源等。控制理论用于电力电子技术，使电力电子装置和系统的性能可以满足各种需求。电力电子技术可看成"弱电控制强电"的技术，是"弱电和强电的接口"，控制理论则是实现该接口的强有力纽带。

电力电子技术分为电力电子器件制造技术和变流技术两个分支。电力电子技术的发展集中体现在电力电子器件的发展上，其重要特征是电力电子器件一般均工作在开关状态。然而，对电路的应用要求各种各样，怎样使这些处于开关方式运行的电力电子器件能在大功率条件下满足各种应用电路功能的要求，就形成了电力电子技术研究的主要内容。

二、电力电子技术的发展概述

早在 20 世纪 30、40 年代，人们就开始应用电机组、汞弧整流器、闸流管、电抗器、接触器等进行对电能的变换和控制。这样的变流装置存在着以下明显的缺点：如功率放大倍数低，响应慢，体积大，功耗大，效率低和噪声大。

20 世纪 50 年代初，普通的整流器 SR 开始使用，实际上已经开始取代汞弧整流器。但电力电子技术真正的开始是由于 1957~1958 年第一个反向阻断型可控硅 SCR 的诞生，后称晶闸管。它的问世，开创了传统的电力电子技术阶段，一方面由于其功率变换能力的突破，另一方面实现了弱电对以晶闸管为核心的强电变换电路的控制，使电子技术步入了功率领域，在工业界引起了一场技术革命，中大功率的各种变流装置和电动机传动系统得到了快速发展。在随后的 20 年内，随着晶闸管特性不断的改进及功率等级的提高，晶闸管已经形成了从低压小电流到高压大电流的系列产品。同时还研制出一系列晶闸管的派生器件，如不对称晶闸管 ASCR、逆导晶闸管 RCT、双向晶闸管 TRIAC、门极辅助关断晶闸管 GATT、光控晶闸 LASCR 等器件，大大地推进了各种电力变换器在冶金、运输、化工、机车牵引、矿山、电力等行业的应用，促进了工业的技术进步，开创了传统的"晶闸管及其应用"的电力电子技术发展的第一阶段，即传统电力电子技术阶段。

20 世纪 70 年代后期，高速、全控型、大电流、集成化和多功能的电力电子器件先后问世，开创了现代电力电子集成器件的新阶段。现代电力电子器件包括有双极型、单极型和混合型等类型的电力电子器件。如可关断晶闸管 GTO、大功率晶体管 GTR、功率场效应晶体管 PowerMOSFET、绝缘栅双极晶体管 IGBT、静电感应晶体管 SIT、静电感应晶闸管 SITH、MOS 晶闸管 MCT 等。新的结构紧凑的变流电路随之出现，它具有功率增益高、控制灵活、动态特性好、效率高等优点。

20 世纪 80 年代中期，随着集成工艺的提高和突破，电力电子技术的另一个重要的进展是诞生了功率集成电路，也称 PIC 和智能功率模块 IPM。这些器件实现了功率器件与电路的总体集成，它使微电子技术与电力电子技术相辅相成，把信息科学融入功率变换。器件实现了多功能化，不但具有开关功能，还增加了保护、检测、驱动等功能，甚至有的器件具有放大、调制、振荡及逻辑运算的功能，使强电与弱电达到了完美的结合，应用电路结构大为简化，电力电子技术应用范围进一步拓宽。功率集成电路又分为高压集成电路 HVIC 和智能功率集成电路 SPIC，而 IPM 则是 IGBT 的智能化模块。目前 PIC 和 IPM 器件的发展非常迅速。

新型电力半导体器件呈现出许多优势，这一切使电力电子技术具有了全新的面貌，被称之为现代电力电子技术。现代电力电子技术的主要特点是器件实现了全控化、集成化、高频化，变换装置实现了高效率、低谐波、高功率因数，控制技术实现了数字化和微机化。

随着微电子技术、计算机技术的发展，电力电子的计算机仿真及计算机辅助设计技术的发展也非常迅速，相应多种多样的专业软件成功地应用于电力电子电路参数、结构、控制策略的优化确定。高速的微处理器在电力电子系统中的应用使得复杂的控制和检测策略得以实现，使变流电路的效率和性能进一步提高。

电力电子器件发展的目标是大容量、高频率、易驱动、低损耗、小体积（高芯片利用率）、模块化。新型控制技术的使用，减小了电力电子器件的开关损耗，使得电力电子应用系统向着高效、节能、小型化和智能化的方向发展。随之而来的是应用领域日益广泛，推动了高新技术的发展，它为机电一体化设备、新能源技术、节能技术、超导和激光技术、空间与海洋技术、军事技术、生物技术、材料、机械加工和交通运输提供了高性能、高效率、轻量小型的电控设备，成为发展高新技术的基础之一。

三、电力电子技术研究的内容

电力电子技术研究的内容包括三个方面：电力电子器件、变流电路和控制电路。

1. 电力电子开关器件

用作能量变换与控制的大功率半导体器件与信息处理用器件不同。其一般特征表现在以下几个方面：

（1）电力电子器件所能处理电功率的大小，即承受电压电流的能力远大于处理信息的电子器件。

（2）电力电子器件一般工作于开关状态。

（3）电力电子器件需要由信息电子电路来控制。

（4）由于耗散功率大，在器件封装时需考虑散热设计及工作时外部需安装散热器。

根据器件所用半导体材料、制造工艺、工作机理及器件开通和关断的控制方式，电力电子器件有许多种类和不同的分类方式，一般按照开通、关断控制方式可分为三大类：

（1）不控型：其开通和关断不能按需要控制，常见的有大功率二极管、快速恢复二极管及肖特基二极管。

（2）半控型：可以控制其开通，但不能通过门极控制关断，只能从外部改变加在阳、阴极间的电压极性或强制阳极电流变成零，所以把它们称为半控型。这类器件主要指晶闸管及其派生器件。

（3）全控型：不仅可控制其开通，而且也能控制其关断，故称全控型。由于无需外部提供关断条件，仅靠自身控制即可关断，所以这类器件常被称为自关断器件。属于这类的代表器件有巨型晶体管 GTR、门极可关断晶闸管 GTO、双极型大功率晶体管 BJT、功率场效应晶体管 PowerMOSFET 和绝缘栅双极型晶体管 IGBT 等。

按电力电子器件的驱动性质可以将器件分为电压型和电流型器件。电流型器件必须有足够的驱动电流才能使器件导通，因而一般情况下需要较大的驱动功率，这类器件有 SCR、GTR、GTO 等。电压型器件的导通只需要有足够的电压和很小的驱动电流，因而电压型器件只需很小的驱动功率，这类器件有 IGBT、MOSFET、MCT 等。

按照器件内部电子和空穴两种载流子参与导电的情况分为三类：

（1）双极型电力电子器件：是指器件内部电子和空穴两种载流子都参与导电过程的半导体器件。这类器件具有通态压降低、阻断电压高、电流容量大等优点，适用于中大容量的变流装置和电动机的驱动控制，这类器件有巨型晶体管（GTR）、可关断晶闸管（GTO）、静电感应晶闸管（SITH）等。

（2）单极型电力电子器件：是指器件内只有多数载流子参与导电过程的半导体器件。这类器件具有驱动功率小、工作速度高、无二次击穿问题、安全工作区宽、电流负温度系数、良好的电流自动调节能力和热稳定性以及较高的抗干扰能力等优点，适用于中小功率、开关频率高的变流装置和电动机的驱动控制，如高保真度的音频放大，多种通信设备和宇航空间技术等领域。这类器件包括有功率场效应晶体管（MOSFET）和静电感应晶体管（SIT）等。

（3）混合型电力电子器件：是由双极型和单极型两种器件混合集成的器件。利用耐高压、电流容量大的双极型器件（如 SCR、GTR、GTO）作为输出级；而利用输入阻抗高、频率响应快的单极型器件（如 MOSFET）作为输入级，从而具备双极和单极器件的优点，这类器件有绝缘栅双极晶体管（IGBT）、MOS 晶体管（MCT）、功率集成电路（PIC）等，其中功率集成电路 PIC 分为高压集成电路（HVIC）和智能功率集成电路（SPIC）。

2. 电力电子应用系统组成

以电力半导体器件为核心，通过不同的电路拓扑和控制方式来实现对电能的转换和控制，这就是电力电子应用系统或变流电路，如图 1-3 所示。由控制电路、驱动电路和以电力电子器件为核心的主电路组成。

控制电路通过检测电路按系统的工作要求形成控制信号，通过驱动电路去控制主电路中电力电子器件的通

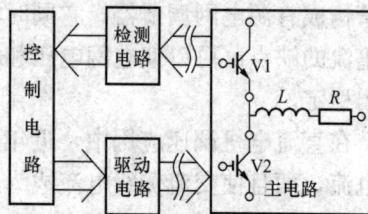

图 1-3　电力电子应用系统或变流电路

或断，来完成整个系统的功能。电力电子应用系统一般是由主电路和控制电路组成的。主电路中的电压和电流一般都较大，而控制电路的元器件只能承受较小的电压和电流，因此在主电路和控制电路连接的路径上，一般需要进行电气隔离，通过其他手段如光、磁等来传递信号。由于主电路中往往有电压和电流的过冲，而电力电子器件一般比主电路中普通的元器件要昂贵，但承受过电压和过电流的能力却要差一些，因此，在主电路和控制电路中附加一些保护电路，以保证电力电子器件和整个电力电子系统正常可靠运行。

确定变换主电路结构的基本方法被称为电力电子电路拓扑研究和综合分析。变换器拓扑可以理解为变换器主回路所有元器件的平面布置。概括地说，变换器拓扑实质上是按一定规则连接的一组半导体器件阵列，其中包括无源及有源功率元件。现代电力电子工程的主要研究方向之一是寻求变换主电路的拓扑优化，即在功率变换主回路设计中，按照经济指标和变换性能指标为约束条件，优化网络中各元件的物理位置。

电力电子变换器工作时，各开关器件轮流导通向负载传递电源能量，因此流向负载的电能一定要从一个或一组元件向另一个或另一组元件转移，这个过程叫做换流或换相。换流过程总是在一个开关被开通的同时关断原来导通着的开关，按照导通元件在下一个元件开通时的关断的方式，电力电子电路有以下四种换流方式。

（1）电源换流：由电源电压极性改变向导通元件提供反向封锁电压使其关断。这种换流方式只适用于交流电源供电，以不控或半控开关器件组成的变流电路，如整流器等。

（2）负载换流：由负载电压或电流极性改变向导通元件施加反向封锁电压使其关断。它用于直流供电、负载可振荡的直流—交流变换电路。

（3）强迫换流：由外部电路向导通元件强行提供反向封锁电压或从导通元件控制极施加关断信号迫使其关断。这种方式常见于晶闸管直流—直流变换电路和所有斩控式变换电路。

（4）无换相方式：负载电流因方向改变过零使原来导通元件自行关断。这种方式见于晶闸管交流电压控制器。

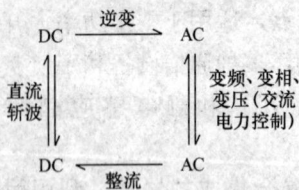

图 1-4 电力电子变流电路分类

3. 电力电子功率变换的基本类型

应用电力电子技术构成的变流装置，按其功能可分为：AC—DC 变换、DC—AC 变换、AC—AC 变换和 DC—DC 变换。电力电子变流电路分类如图 1-4 所示。

（1）AC—DC 变换。把交流电压变换成固定或可调的直流电压，即为 AC—DC 变换。传统的 AC—DC 变换是利用晶闸管和相控技术，依靠电网电压换流实现的。其主要特点是控制简单，运行可靠，适宜超大功率应用。存在的问题是产生低次谐波，对电网是滞后功率因数的负载，这种非线性负载的迅速增多对电网产生了严重影响。20 世纪 80 年代后期，开始采用 PWM 技术和静电感应晶闸管构成有源电网调节器，它同时具有滤波和无功补偿的功能。高功率因数整流器克服了相控整流的缺点，可以使电网电压和电流同相位，还能够调节电容电压以抵消电网电压波动使输出稳定。

在直流电机调速应用中，近年来直接用自关断功率器件构成 PWM 整流器，不仅控制直流电流，而且使交流侧线电流成为正弦波并保持功率因数为 1。

（2）DC—AC 变换。把直流电变换成频率固定或可调的交流电通常被称为逆变器 DC—AC。按电源性质可分为电压型和电流型。按控制方式可分为六拍（六阶梯）方波逆变器、

PWM逆变器和谐振直流环节（软性开关）逆变器。按换流性质可分为依靠电网换流的有源逆变和自关断元件构成的无源逆变。逆变装置主要被用于机车牵引、电动车辆和其他交流电机调速、不间断电源（UPS）系统、APLC系统和感应加热。

（3）AC—AC变换。把固定或变化的交流频率、电压变换成可调或固定的交流频率、电压即为AC—AC变换，通常称为变频器。传统的交—交变频采用晶闸管相控技术，可运行于有环流模式，通过对环流大小进行控制，可以使输入端的无功功率不随负载而变化。因而，用固定容量的电容器便可使输入端功率因数恢复到1，也可将有源滤波器用于这种变换装置吸收有害谐波。交—交变频器的新发展是基于PWM变换理论的矩阵式变换器。采用9只交流开关（由具有反向阻断能力的自关断器件反并联构成）组成一个半导体阵列，其优点是在所有工作范围内总可以保持功率因数为1。困难之处是高频PWM开关的阻断能力往往不对称。矩阵式变换器构成调压器可获得调幅正弦波电源；矩阵式交—交变频器可获得高达0～200Hz的调频调幅交流电源。

（4）DC—DC变换。把固定或变化的直流电压变换成可调或恒定的直流电压即为DC—DC变换器。按变换电压体制可分为降压式、升压式和升降压式。按线路拓扑可分为单端、双端及桥式电路。通常以直流PWM方式控制。DC—DC变换器广泛地用于计算机电源、各类仪器仪表、直流电机调速及金属焊接等。

谐振型开关技术是DC—DC变换的新发展，可减小变换器体积、重量并提高可靠性。这种变换器有效地解决了开关损耗和器件应力问题。其中性能优良的是谐振直流环节变换器。在软性开关变换器中，谐振开关频率可高达10MHz级，从而可设计出结构紧凑的电源，甚至可以使电源分布在电路板上。在带有谐振环节的DC—DC变换器中，直流电流首先由谐振逆变电路变成高频交流，然后再经过高频整流和滤波得到直流。这类变换原理是DC—DC变换的主要发展方向。

4. 控制方式

控制电路的主要功能是为变换器拓扑中功率器件提供门极（控制极）驱动信号，主要由时序控制、各种保护电路、电位隔离及驱动功率放大等部分组成，完成输入电能对负载的接通和断开，从而实现所需的能量控制与形式变换。电力电子电路控制方式一般都按器件开关信号与控制信号间的关系分类。

1）相控型：器件开通信号相位，即导通时刻的相位，受控于控制信号幅度的变化。晶闸管相控整流和交流调压电路均采用这种方式。通过改变导通相位角以改变输出电压的大小。

2）频控型：用控制电压的幅值变化来改变器件开关信号的频率，以实现器件开关工作频率的控制。这种控制方式多用于直流—交流变换电路中。

3）斩控型：器件以远高于输入、输出电压工作频率的开关频率运行，利用控制电压（即调制电压）的幅值来改变一个开关周期中器件导通占空比，如PWM，从而实现电能的变换与控制。采用自关断器件，通过这种控制方式可完成各种形式的电能变换与控制，并获得比移相控制、频率控制更好的整体性能。

5. 电力电子技术应用

电力电子技术应用非常广泛，涉及国防军事、工业、交通、农业、商业、文体、医药等，甚至连家用电器都渗透着电力电子技术。

　　1）电机调速：电力电子技术在交、直流电机调速中的应用可归纳为两个目的：一是运动控制，为了满足自动化生产线、特殊生产工艺及某些品质要求对电机进行调速控制；第二个目的是节约电能。

　　在运动控制中的主要应用领域有：电动汽车及各种电瓶车、地铁、轻轨车以及机车牵引、超导磁悬浮铁道系统；石油工业中钻井机械、管线输油、石油精炼及采油机械；轧钢工业中可逆热轧机、热连轧机、带钢冷连轧机、可逆冷轧机、飞剪机控制、压下螺丝位置控制及活套支持器自动控制等；港口机械中翻车机、输送机、码头起重机、堆料机、取料机、装船机、码头管理和装卸自动化；各类起重机械及矿井提升机、机床及各种自动化生产线、高炉控制系统、调速电梯、供水系统、造纸、印染及化工工业、纺织工业、船舶推进系统等。

　　在节能运行控制中主要应用于交流电动机的变频调速。随着电力电子技术的飞速发展，SFC技术已进入与直流调速相媲美和相竞争的阶段，并有取而代之的趋势。SFC技术在电力系统的应用主要有两个方面：①发电厂的风机、水泵使用变频调速控制，会具有非常大的节电效益。②抽水蓄能机组采用SFC技术，可减小机组起动过程对电网的冲击，并且机组在低水头运行时，还可提高机组的效益。近年来电力电子变频技术的迅速发展，使交流电机的调速性能可与直流电机媲美，交流调速技术大量应用并占据主导地位，几百瓦到数千千瓦的变频调速装置，软起动装置等用电效率明显提高，使节电达到30%以上。

　　2）电源：电力电子应用的另一个重要的领域是在各种各样的电源中。根据工业过程的需要，电源通常需要变换成各种各样的波形和功率等级，而在各个领域的需求又是千差万别的，因而电源的需求和品种非常之多，如弧焊电源、通信用电源、小型化开关电源、不间断电源（UPS）感应加热电源、超声波发生器、微波炉等设备电源，在军事应用中主要是雷达脉冲电源、声纳及声发射系统、武器系统、电子对抗、军用电子系统和通信系统电源、飞机变速恒频（VSCF）电源。

　　3）电源电网净化技术：解决电力电子设备谐波污染的主要途径有两条：对电网实施谐波补偿及对电力电子设备自身进行改进。

　　4）电力控制和电能传输：作为供电系统调节负载的方法，发电厂广泛采用变速抽水蓄能发电进行功率调节，在夜里利用多余的能量驱动涡轮（泵），将水储备到处于较高位置的水库中，在白天重载时，利用储存的水力发电。在抽水蓄能发电设备中，水泵—水轮机的转速是通过其转子上的交流励磁来控制的，采用交—交变换器励磁，可根据负载要求灵活控制发电量。这种功率调节也可由蓄电池及变频系统构成。

　　柔性交流输电系统的作用是对发电—输电系统的电压和相位进行控制。其技术实质类似于弹性补偿技术。

　　高压直流输电（HVDC）为了从根本上解决输电系统的稳定性问题，减少线路无功损耗，研究发展了远距离、大功率高压直流输电系统，它需在线路两端设置整流、逆变及无功补偿装置。这些新技术当前在日本、欧洲和北美应用得比较广泛。功率器件主要采用SCR、GTO和SITH。

　　静止无功补偿器（SVC）。SVC是用以晶闸管为基本元件的固态开关替代了电气开关，实现快速、频繁地以控制电抗器和电容器的方式改变输电系统的导纳。SVC可以有不同的回路结构，按控制的对象及控制的方式不同分别称之为晶闸管投切电容器（TSC）、晶闸管投切电抗器（TSR）或晶闸管控制电抗器（TCR）。

用户电力技术。其中，CP 技术和 FACTS 技术是快速发展的姊妹型新式电力电子技术。采用 FACTS 的核心是加强交流输电系统的可控性和增大其电力传输能力；而发展 CP 的目的是在配电系统中加强供电的可靠性和提高供电质量。CP 和 FACTS 共同基础技术是电力电子技术，各自的控制器在结构和功能上也相同，其差别仅是额定电气值不同，二者的融合是一种趋势。具有代表性的用户电力技术产品有：动态电压恢复器（DVR），固态断路器（SSCB），故障电流限制器（FCL），统一电能质量调节器（PQC）等。

5）照明：照明用电占美国总发电量的 24%，在我国占 12%。白炽灯发光效率低、热损耗大，现在广泛采用了日光灯。但是，日光灯必须要有扼流圈（电感）启辉，全部电流要流过扼流圈，无功电流较大，不能达到有效节能。近年来，电子镇流器的出现，较好地解决了这个问题。电子镇流器就是一个 AC—DC—AC 变换器。如用于 20~40W 的日光灯，其体积要比相应功率的扼流圈要小，可以减少无功电流和有功损耗。据美国统计，每盏灯每年可节电 30~70 美元，可见其节能效益。

6）新能源开发及新蓄能系统：太阳电池和燃料电池等新直流发电系统、电池蓄能和超导蓄能等新型直流蓄能系统正在迅速发展，需要采用逆变技术与电力系统连网或直接变换为负载要求的体制。风力、潮汐发电变换都需要采用电力电子装置。

四、教学要求

本教材是为电气信息类专业的电力电子技术课程而编写的，内容包含器件、电路、应用三个方面，以电路为主。讲解器件主要讨论常用器件的基本工作机理、特性、参数及它们的驱动和保护方法，目的是为了理解应用器件组成电路，故应注意掌握器件外部特性及极限额定参数的应用。本课程主要研究由不同电力半导体器件所构成的各种典型功率变换电路的工作原理，主电路拓扑结构，分析方法，设计计算的基本手段，主电路开关元件的选择方法，各种典型触发、控制、驱动以及必要的辅助电路的工作原理和特点等。针对电力电子器件当前发展的情况，增加了可关断器件的篇幅。注意到近年来电力电子线路及系统计算机仿真已得到了全面的开发及应用，本教材介绍了几种常用的仿真方法。本教材还对当前电力电子最新应用如矩阵式交—交变换器、电网谐波抑制等内容作了简要介绍。

第二章 电力电子器件

内容提要与目的要求

了解电力电子器件的发展、分类与应用；理解和掌握晶闸管（SCR）、可关断晶闸管（GTO）、电力晶体管（GTR 或 BJT）、电力场效应晶体管（电力MOSFET）和绝缘栅双极晶体管（IGBT）、IGCT 等常用的电力电子器件的工作机理、电气特性和主要参数，驱动电路的基本任务与电气隔离方法，电力电子器件的保护措施。重点：各种电力电子器件原理、性能上的不同点，各自应用的场合。

电力半导体器件是现代电力电子设备的核心。它们以开关阵列的形式应用于电力变流器中，把相同频率或不同频率的电能进行交—直（整流器）、直—直（斩波器）、直—交（逆变器）和交—交变换。这种开关模式的电力电子变换具有较高的效率，不足之处是由于开关的非线性而同时在电源端和负载端产生谐波。这些开关不是理想的，它们都具有导通和开关损耗。变流器广泛用于加热和照明控制、交直流电源、电化学处理、直流和交流传动、静态无功功率（VAR）产生、有源滤波等方面。虽然电力电子设备中的电力半导体器件的价格几乎不超过总价的 20%～30%，但是整台设备的价格和性能在很大程度上受到这些器件特性的影响。要设计出高效、可靠、性价比高的系统，设计师必须对这些器件及其特性有深入的了解。其实，现代电力电子技术基本上是随着电力半导体器件的发展而发展起来的。微电子领域的发展对电力半导体器件的材料加工、制造、封装、建模和仿真等方面产生了巨大的影响。

今天的电力半导体器件几乎完全建立在半导体材料的基础上，它们可以归纳为以下几类：①二极管；②晶闸管（SCR）及派生器件；③电力晶体管（GTR）；④门极关断晶闸管（GTO）；⑤电力 MOSFET；⑥绝缘栅双极型晶体管（IGBT）；⑦集成门极换流晶闸管（IGCT）以及其他功率半导体器件等。

第一节 功率二极管

功率二极管（Power diode）从 20 世纪 50 年代初期开始就获得了应用。虽然功率二极管是不可控器件，但其结构简单、工作可靠，因而直到现在仍然大量用于电气设备当中。目前功率二极管已形成普通整流管、快恢复整流管和肖特基整流管三种主要类型。其中，快恢复二极管和肖特基二极管仍分别在中、高频整流和逆变以及低压高频整流的场合，具有不可替代的地位。

一、功率二极管的工作原理和静态伏安特性

图 2-1（a）和（b）所示为功率二极管的电路符号和静态伏安特性。典型的正向导通压降是 1.0V，该压降会引起导通损耗，因此必须用适当的散热片对器件进行冷却以限制结温。如果反向电压超过一个阈值，器件就会发生雪崩式的击穿，这时反向电流变大，二极管由于结内的大量功率损耗而过热毁坏，这个阈值称为击穿电压。比较其工作时的电压和电流的变

化，我们可以得到它的理想伏安特性，如图 2-1（c）所示。由于功率二极管的导通速度相对电力电路的暂态变化过程来说要快得多，因此，可把功率二极管看成理想开关。

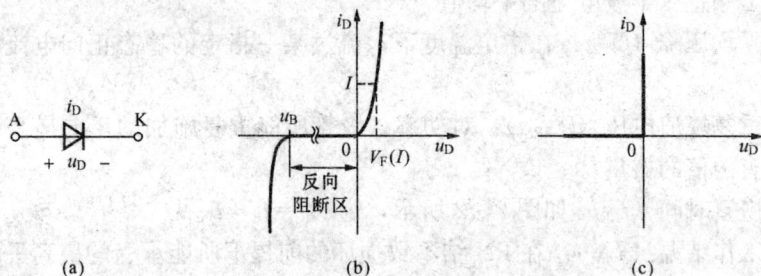

图 2-1 功率二极管的符号、伏安特性及理想特性

（a）功率二极管符号；（b）伏安特性；（c）理想特性

二、功率二极管的动态特性

功率二极管的动态特性指反映通态和断态之间转换过程的开关特性。图 2-2（a）给出了电力二极管由零偏置转为正向偏置时动态过程的波形。可以看出，在这一动态过程中，电力二极管的正向压降会出现一个电压过冲 U_{FP}，经过一段 t_{FR} 时间才出现趋于接近稳态压降值。

图 2-2（b）给出了电力二极管由正向偏置转为反向偏置时动态过程的波形。当原处于正向导通的电力二极管的外加电压突然从正向变为反向时，该电力二极管需经过一段短暂的时间才能进入截止状态。

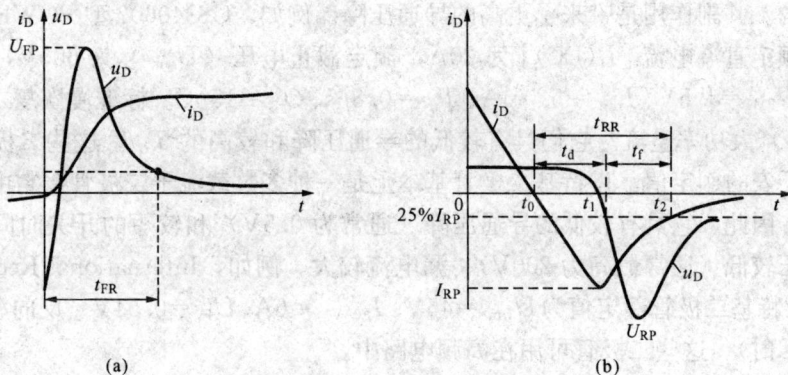

图 2-2 功率二极管的动态过程波形

（a）开通过程波形；（b）关断过程波形

设坐标原点时刻外加电压突然由正向变为反向，正向电流在此反向电压作用下开始下降，下降速率由反向电压大小和电路中的电感决定，而管压降由于电导调制效应的作用基本不变，直到正向电流降为零的时刻 t_0。因而在管压降极性改变的 t_1 时刻反向电流从其最大值 I_{RP} 开始下降。在 t_1 时刻以后，由于反向电流迅速下降，在外电路电感的作用下，在电流二极管的两端产生比外加电压大得多的反向电压过冲 U_{RP}，在电流下降到 $25\% I_{RP}$ 的 t_2 时刻，电力二极管两端承受的反向电压才降到外加电压的大小，电力二极管完全恢复对反向电压的阻断能力。

三、功率二极管的参数

（1）正向平均电流（I_F）：指功率二极管长期运行时，在指定壳温和耗散条件下，其允许流过的最大工频正弦半波电流的平均值。

（2）稳态平均压降（U_F）：在指定温度下，流过某一指定的稳态正向电流时对应的正向压降。

（3）反向重复峰值电压（U_{RRM}）：对功率二极管所能重复施加的反向最高峰值电压。使用时，应当留有两倍的裕量。

（4）反向恢复时间（t_{RR}）如图 2 - 2 所示，为 $t_{RR} = t_d + t_f$。

（5）最高工作结温（T_{JM}）：在 PN 结不致损坏的前提下所能承受的最高平均温度，通常在 125～175℃范围之内。

（6）浪涌电流（I_{sur}）：功率二极管所能承受最大的连续一个或几个工频周期的过电流。

四、功率二极管的主要类型

功率二极管广泛应用在电力电子电路中。在后面的章节中我们将会看到，功率二极管可以在交流—直流变换电路中作为整流元件，也可以在直流—交流逆变电路中作为续流元件，还可以在各种变流电路中作为电压隔离、嵌位或保护元件。在应用时，按照实际应用的要求，可选择以下不同类型的功率二极管。下面按正向压降、反向耐压、反向漏电流等性能，特别是反向恢复特性的不同，把功率二极管分为以下几类：①标准或慢速恢复二极管；②快速恢复二极管；③肖特基二极管。

慢速和快速恢复二极管都具有 PN 结构，如前所述。在快速恢复二极管中，顾名思义，恢复时间 T_{rr} 和恢复电荷 Q_{rr} 分别缩短和减少了，这是通过加强复合过程控制少数载流子的寿命来实现的。其副作用是带来了更高的导通压降。例如，CS340602 型 POWEREX 快速恢复二极管，额定直流电流 $[I_f(DC)]$ 为 20A，额定截止电压（U_{rrm}）为 600V，并具有下列额定值，即 $U_{FM} = 1.5V$、$I_{rrm} = 5.0mA$、$T_{rr} = 0.8\mu s$、$Q_{rr} = 15\mu C$。标准慢恢复二极管用于工频（50/60Hz）大功率整流。它们具有较低的导通压降和较高的 T_{rr}。这些二极管可以达到数千伏、数千安的额定值。肖特基二极管基本上是一种多数载流子二极管，它由一个金属半导体结组成。因此，它具有较低的导通压降（通常为 0.5V）和较短的开关时间，其不足之处是截止电压较低（通常最高为 200V）、漏电流较大。例如，International Rectifier 公司的6TQ045 型肖特基二极管额定值为 $U_{rrm} = 45V$、$I_{F(AV)} = 6A$、$U_F = 0.51V$、反向漏电流 $I_{rrm} = 0.8mA$（25℃时）。这些二极管可用在高频电路中。

二极管的电、热特性和下面将要讨论的晶闸管有些相似。不同种类二极管的特殊应用将在后续章节中讨论。

第二节　晶闸管及其派生器件

晶闸管（Thyristor）或硅可控整流器（SCR）一直都是工业上广泛用于大功率变换和控制的传统器件。这种在 20 世纪 50 年代晚期出现的器件使得固态电力电子器件进入了一个新纪元。

晶闸管这个名称往往专指晶闸管的一种基本类型——普通晶闸管。但从广义上讲，晶闸管还包括许多类型的派生器件。本节将主要介绍普通晶闸管的工作原理、基本特性和主要参数，然后简要介绍一种派生器件——双向晶闸管。

一、晶闸管的工作原理和静态伏安特性

图 2-3 (a)、(b) 所示为晶闸管的电路符号和伏安特性。由图可见，在其导通时，主电流由阳极 (A) 流向阴极 (K)。晶闸管的门极触发电流是从门极流入晶闸管，从阴极流出的。从图 2-3 (b) 晶闸管的伏安特性上我们看到，位于第 I 象限的是正向特性，位于第 III 象限的是反向特性。当 $I_G = 0$ 时，如果在器件两端施加正向电压，则晶闸管处于正向阻断状态，只有很小的正向漏电流流过。如果正向电压超过临界极限即正向转折电压 U_{bo}，则漏电流急剧增大，器件开通（由高阻区经虚线负阻区到低阻区）。随着门极电流幅值的增大，正向转折电压降低。导通后的晶闸管特性和二极管的正向特性相似。导通期间，如果门极电流为零，并且阳极电流降至接近于零的某一数值 I_H 以下，则晶闸管又回到正向阻断状态。当晶闸管上施加反向电压时，其伏安特性类似于二极管的反向特性。与讨论二极管的方法相同，在分析换流器的工作原理时也可将晶闸管理想化，图 2-3 (c) 给出了它的理想特性。

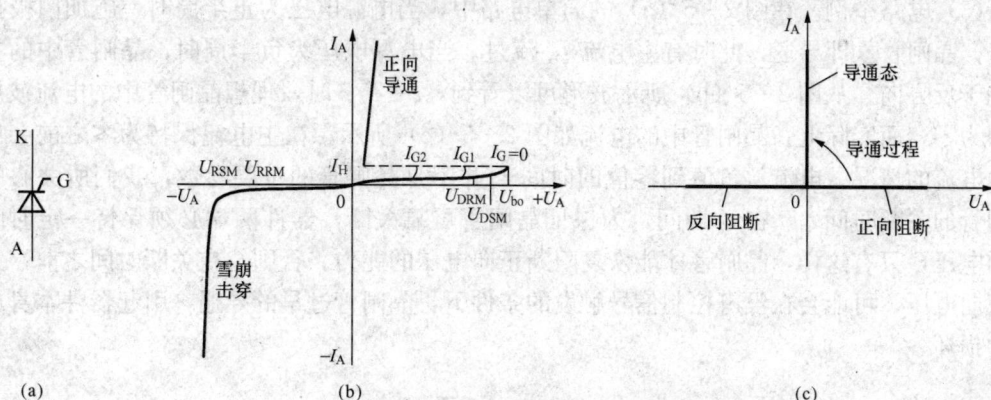

图 2-3 晶闸管的电路符号及伏安特性
(a) 晶闸管符号；(b) 伏安特性；(c) 理想特性

晶闸管在以下几种情况也可能被触发导通：阳极电压升高至相当高的数值造成雪崩效应；阳极电压上升率 du/dt 过高；结温较高；光触发。除了光触发可以保证控制电路与主电路之间的良好绝缘而应用于高压电力设备之外，其他都因不好控制而难以应用于实践。只有门极触发是最精确、迅速而且可靠的控制手段。

二、晶闸管的动态特性

图 2-4 给出了晶闸管开通和关断的波形，其开通过程描述的是使门极在坐标原点时刻开始受到理想阶跃电流触发的情况；而关断过程描述的是对已导通的晶闸管，外电路所加电压在某一时刻突然由正向变为反向（如图中点划线波形）的情况。

(1) 开通过程。晶闸管受到触发后，其阳极电流的增长不会瞬时完成。从门极电流的阶跃时刻开始，到阳极电流上升到稳态值的 10%，这段时间称为延迟时间 t_d（普通晶闸管为 $0.5 \sim 1.5 \mu s$）。阳极电

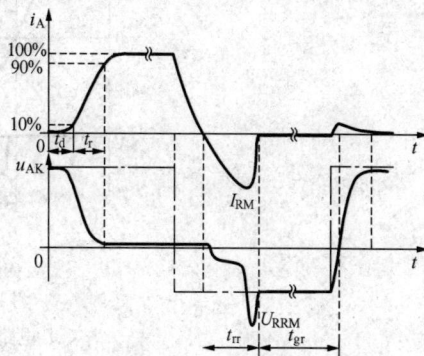

图 2-4 晶闸管的开通和关断的波形

流从 10% 上升到稳态值的 90% 所需的时间称为上升时间 t_r （普通晶闸管为 $0.5\sim3\mu s$）。开通时间 t_{gt} 定义为两者的和，即：

$$t_{gt} = t_d + t_r \tag{2-1}$$

（2）关断过程。原处于导通状态的晶闸管当外加电压突然由正向变为反向时，由于外电路电感的存在，其阳极电流在衰减时也是有过渡过程的。阳极电流逐渐衰减到零，然后同电力二极管的动态过程类似。从正向电流降为零，到反向恢复电流衰减到接近零的时间，就是晶闸管的反向阻断恢复时间 t_{rr}。反向恢复过程结束后，晶闸管要恢复其对正向电压的阻断能力还需要一段时间，这叫做正向阻断恢复时间 t_{gr}。在正向阻断恢复时间内如果重新对晶闸管施加正向电压，晶闸管会重新正向导通，而不是受门极电流控制而导通。晶闸管的关断时间 t_q 定义为以上两者之和，即：

$$t_q = t_{rr} + t_{gr} \tag{2-2}$$

普通晶闸管的关断时间约为几百微秒。

（3）电路举例。在图 2-5（a）的简单电路中，当电源电压为正半周时，施加门极控制信号，晶闸管立即导通，此时有主电流 I_A 流过。当电源电压为负半周时，晶闸管中的主电流趋于反方向。从图 2-5（b）所示波形可以看到，$t=T/2$ 时，理想晶闸管中的电流波形应立即为零，而实际上，晶闸管中的电流如图 2-5（c）所示，在主电流保持为零之前会出现反向电流的情况。电流从负值到零值的时间 t_{rr} 并不是晶闸管的重要参数，我们所关心的是晶闸管的关断时间 t_q。在 t_q 期间，为保证晶闸管可靠关断，器件两端必须保持一定时间的反向电压，只有这样，晶闸管才能恢复阻断正向电压的能力。否则，在关断时间之前，又施加正向电压，可能会在没有控制信号触发的条件下，晶闸管过早的导通，引起器件本身或电路的损坏。

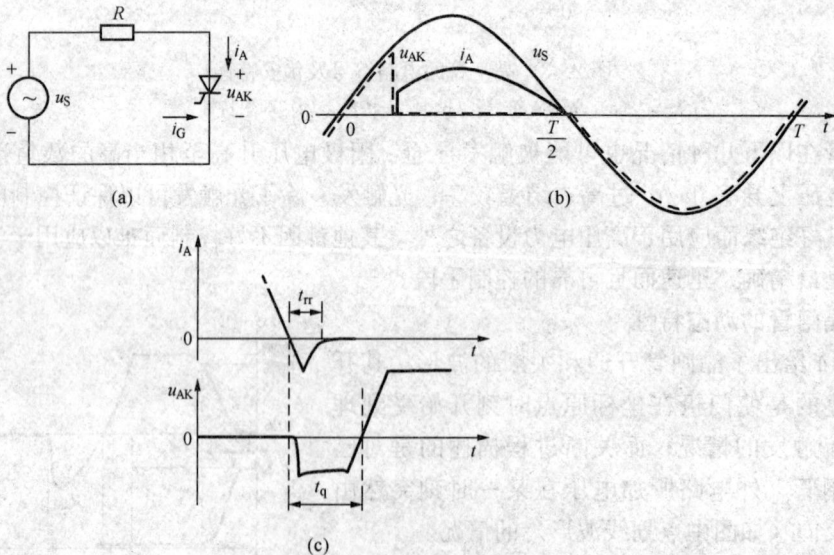

图 2-5　晶闸管电路及波形
（a）电路；（b）理想波形；（c）实际波形

三、功率损耗和热阻抗

晶闸管和二极管一样有明显的导通损耗，但是其开关损耗非常小。器件的规格说明一般给出了在正弦和不同占空比的矩形波电流情况下的功率损耗。图 2 - 6 给出了在矩形波电流情况下的功率损耗特性，反向阻断损耗和门极电路损耗也包括在图中。这些曲线适用的最大电源频率为 400Hz。结附近功率损耗产生的热量流向外壳，然后通过外装的散热器发散到周围，引起结温 T_J 的升高。一个器件的最大 T_J 必须受到限制，因为它会对器件的性能产生负面影响。对于稳定的功率损耗 P，T_J 的计算式为：

$$T_J - T_A = P(\theta_{JC} + \theta_{CS} + \theta_{SA}) \qquad (2-3)$$

式中：T_A 是环境温度；θ_{JC}、θ_{CS} 和 θ_{SA} 分别代表结与外壳之间、外壳与散热器之间、以及散热器和周围环境之间的热阻。θ_{SA} 由冷却系统的设计决

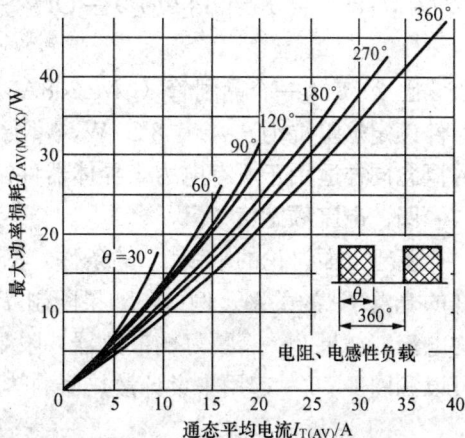

图 2 - 6 通过矩形波电流时晶闸管的平均导通损耗（POWEREX CM4208A2）

定，冷却的方法可以包括散热器加自然对流冷却、强制空气冷却和强制液体冷却。从式 (2 - 3) 明显可以看出，对于一个限定 T_{Jmax}（通常是 125℃），通过减小 θ_{SA} 可以增加允许功耗 P。这就意味着更高效率的冷却系统会增加散热能力，也就是增加器件的能量处理能力。$\theta_{SA} = 0$ 表示一个无穷大散热器，即外壳温度 $T_C = T_A$。

在实际运行中，功率损耗 P 是循环的，而热容或存储效应延迟了结温的升高，从而允许器件带更大的负载。瞬态热等效电路可以用一个并联的 RC 电路来表示，其中 P 等效为电流源，而其在电路上产生的电压代表温度 T_J。图 2 - 7（a）给出了单个脉冲功率损耗对应的 T_J 曲线。再考虑到加热和冷却曲线的性质，我们可以写出其计算等式为：

$$T_J(t_1) = T_A + P\theta(t_1) \qquad (2-4)$$

$$T_J(t_2) = T_A + P[\theta(t_2) - \theta(t_2 - t_1)] \qquad (2-5)$$

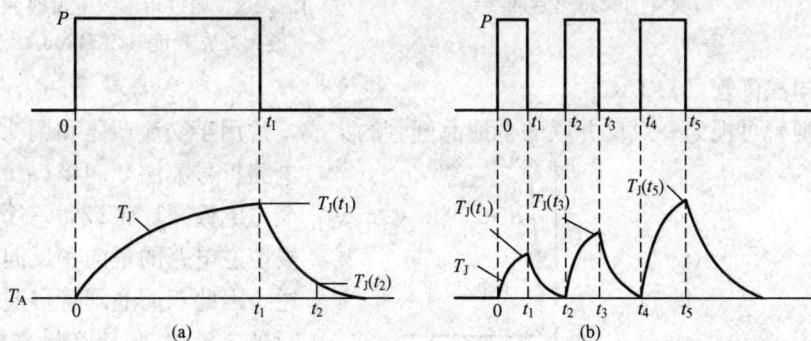

图 2 - 7 脉冲功率损耗对应的 T_J 曲线

(a) 单个脉冲；(b) 多个脉冲

式中：$\theta(t_1)$ 是 t_1 时刻的瞬态热阻抗。器件规格表通常会给出结和外壳之间的热阻抗。如果需要，还可以加上散热器引起的附加效应。

图 2 - 7（b）显示了三个重复脉冲的典型结温曲线。对应的 T_J 可以通过叠加原理表示为：

$$T_J(t_1) = T_A + P\theta(t_1) \qquad (2-6)$$

$$T_J(t_3) = T_A + P[\emptyset(t_3) - \emptyset(t_3 - t_1) + \emptyset(t_3 - t_2)] \qquad (2-7)$$

$$T_J(t_5) = T_A + P\big[\varnothing(t_5) - \varnothing(t_5 - t_1) + \varnothing(t_5 - t_2) - \varnothing(t_5 - t_3) + \varnothing(t_5 - t_4)\big]$$

$$(2-8)$$

图 2-8 为一个晶闸管（CM4208A2 型）的瞬态热阻抗 $[\theta_{JC}(t)]$ 随时间的变化曲线。该器件额定热阻抗为 $\theta_{JC} = 0.8\,℃/W$，$\theta_{CS} = 0.2\,℃/W$。请注意，这里讨论的器件冷却和热阻抗的概念同样适用于所有电力半导体器件。

四、电流额定值

基于上面讨论的限制 T_J 的条件，图 2-9 给出了不同占空比下平均额定电流 $I_{T(AV)}$ 和允许的壳温 T_C 的关系。例如，如果限制 T_C 为 110℃，那么晶闸管可以承载 120℃的 12A 的平均电流。如果有一个更好的散热器，限制 T_C 为 100℃，那么电流可以增加到 18A。图 2-9 可以和图 2-6 一起用来设计散热器的热阻。

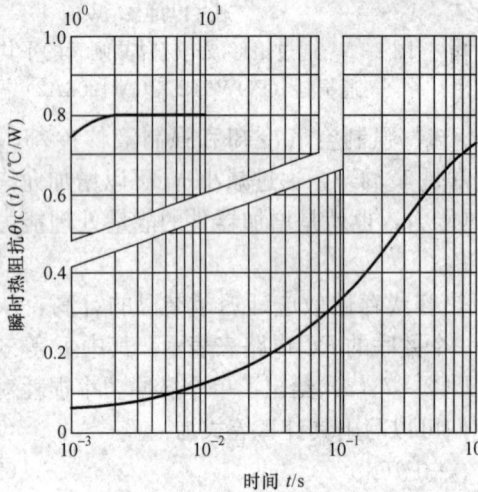

图 2-8 晶闸管的瞬态热阻曲线

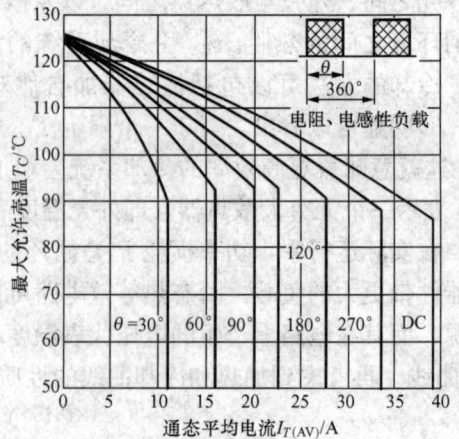

图 2-9 通过矩形波电流时允许的
最大外壳温度（CM4208A2 型）

五、双向晶闸管（TRIAC）

双向晶闸管可视为一对反并联的普通晶闸管的集成，常用于交流调压和调功电路中。其电路符号如图 2-10（a）所示。有两个主电极 T1 和 T2，一个门极 G。门极使主电路的正向和反向均可触发导通，因此双向晶闸管可通过施加正负门极电流脉冲来控制主电路双向导通。双向晶闸管的伏安特性如图 2-10（b）所示。在第Ⅰ和第Ⅲ象限有对称的伏安特性。

图 2-11 为一个使用双向晶闸管的常用白炽灯灯光调节电路及相应的波形。双向晶闸管的门极通过一个两端交流开关（一种对称电压阻断器

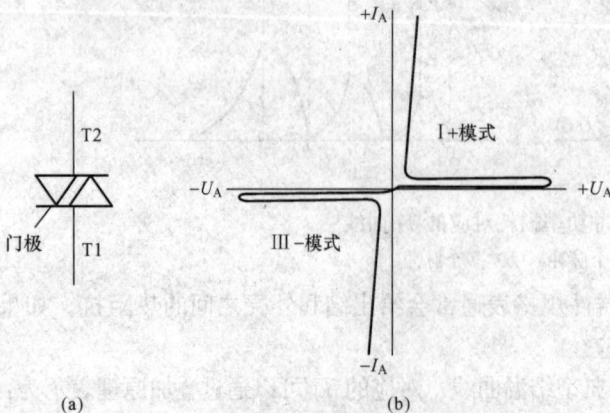

图 2-10 双向晶闸管的电路符号及伏安特性
(a) 电路符号；(b) 伏安特性

件）从 RC 电路中集到驱动脉冲。电容电压 U_C 落后于电网电压。当 U_C 超过两端交流开关（Diac）的阈值电压 $\pm U_S$ 时，对应极性的电流脉冲就会在角度 α_f 时触发双向晶闸管，在负载产生一个交流全波相控的输出。触发延迟角可以通过改变电阻 R_1 从 α_1 变化到 α_2，以控制灯光的强度。

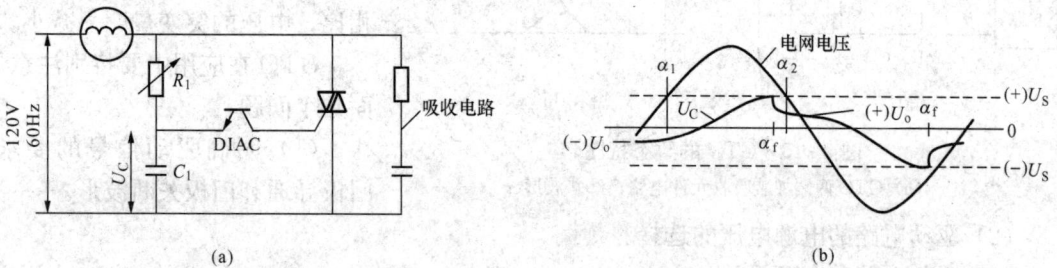

图 2-11 调节电路及相应的控制波形
（a）使用双向晶闸管控制灯光电路；（b）控制波形

第三节 可 关 断 晶 闸 管

门极可关断晶闸管（Gate-Turn-OffThyristor—GTO），也是晶闸管的一种派生器件，但可以通过门极加负的脉冲电流使其关断，因而属于全控器件。

在当前各种自关断器件中，GTO 容量最大、工作频率最低（1~2kHz）。GTO 是电流控制型器件，因而在关断时需要很大的反向驱动电流；GTO 通态压降大、du/dT 及 di/dt 耐量低，需要庞大的吸收电路。目前，GTO 虽然在低于 2000V 的某些领域内已被 GTR 和 IGBT 等所替代，但它在大功率电力牵引中有明显优势。

一、GTO 的工作原理和静态伏安特性

图 2-12（a）所示为可关断晶闸管 GTO 的电路符号，图 2-12（b）所示为它的静态伏安特性。同普通晶闸管一样，GTO 也可由门极脉冲触发导通，并且一旦导通，在无任何门极脉冲作用下仍保持导通状态。与晶闸管不同的是，GTO 能够在负的门极电压作用下引起足够大的负门控电流而关断。另外，GTO 是一种多元的功率集成器件，它的理想开关特性如图 2-12（c）所示。

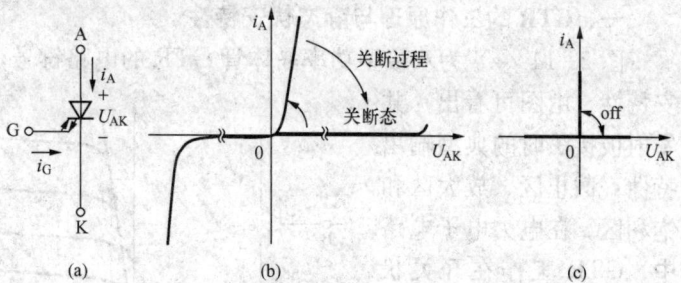

图 2-12 GTO 的电路符号、伏安特性及理想特性
（a）GTO 电路符号；（b）伏安特性；（c）理想特性

二、GTO 的关断特性

尽管 GTO 与 MOSFET 和 GTR 一样属于可控开关，但其关断过渡区间的变化却与以上两种器件的特性不同。这是因为目前可使用的 GTO 器件还很难用来关断电感性电路，除非在 GTO 器件两端加装吸收元件，如图 2-13（a）所示。由于现有的 GTO 器件还不能承受关断感性电路而出现的过 du/dt 应力影响，所以必须在 GTO 器件两端加装由 R、C 和二极

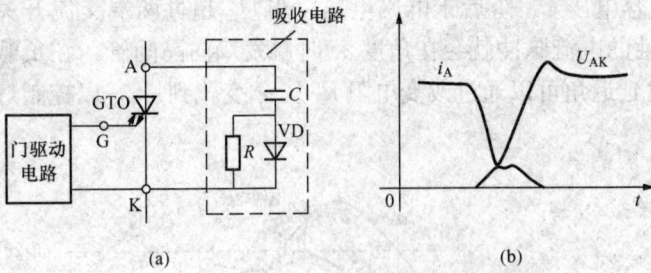

图 2-13　GTO 的暂态特性

(a) GTO 两端加装吸收元件电路；(b) 波形

管 VD 组成的吸收电路以减小关断时的电压变化率。图 2-13（b）给出了加装吸收电路后的电压电流波形，与没有关断吸收电路时相比，电压的突变量明显减小。

GTO 在应用中要特别注意下面几个问题：

（1）明确驱动信号的要求：门极导通和门极关断波形。

（2）驱动电路的电源电压的选择。

（3）吸收电路的合理设计。

（4）吸收电路杂散电感的消除。

（5）设计阳极电路的电抗器等。

第四节　双极型功率晶体管

电力晶体管（GiantTransistor—GTR，直译为巨型晶体管），是一种耐高电压、大电流的双极结型晶体管（Bipolar JunctionTransistor—BJT），英文有时候也称为 Power BJT。GTR 是一种电流控制的电力电子器件，产生于 20 世纪 70 年代，其额定值已达 1800V/800A/2kHz、1400V/600A/5kHz 和 600V/3A/100kHz。它既具备晶体管的固有特性，又增大了功率容量，因此，由它所组成的电路灵活、成熟、开关损耗小、开关时间短，在电源、电机控制、通用逆变器等中等容量、中等频率的电路中应用广泛。GTR 的缺点是驱动电流较大、耐浪涌电流能力差、易受二次击穿而损坏。在开关电源和 UPS 内，GTR 正逐步被功率 MOSFET 和 IGBT 所代替。

一、GTR 的工作原理与静态伏安特性

图 2-14（a）为双极型功率晶体管 GTR 的电路符号，图 2-14（b）给出了它的静态伏安特性。由图可看出，共发射极接法时的典型输出特性：截止区、放大区和饱和区。在电力电子电路中，GTR 工作在开关状态。在开关过程中，即在截止区和饱和区之间过渡时，要经过放大区。GTR 是用基极电流来控制集电极电流的，当有足

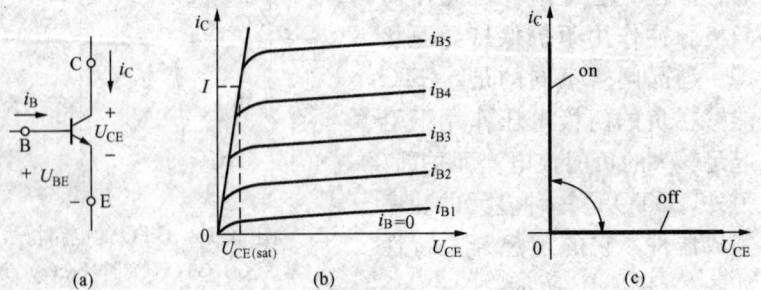

图 2-14　GTR 的电路符号、静态伏安特性及理想特性

(a) GTR 的电路符号；(b) 静态伏安特性；(c) 理想特性

够大的电流从基极流过时，就能使晶闸管处于完全导通状态，因而要求控制电路能够提供足够大的基极电流。GTR 的理想伏安特性如同开关性能，如图 2-14（c）所示。

二、GTR 的动态特性

GTR 是用基极电流来控制集电极电流的，图 2-15 给出了开通过程和关断过程中基极电流和集电极电流波形的关系。与普通晶闸管类似，开通过程需要经过延迟时间 t_d 和上升时间 t_r，二者之和为开通时间 t_{on}。关断过程有所不同，需要经过储存时间 t_s 和下降时间 t_f，二者之和为关断时间 t_{off}。GTR 的开关时间在几百纳秒至几微秒的范围内。

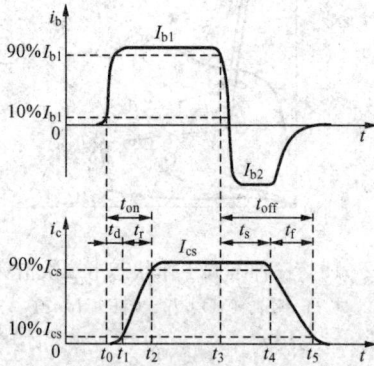

图 2-15 GTR 的开通和关断过程电流波形

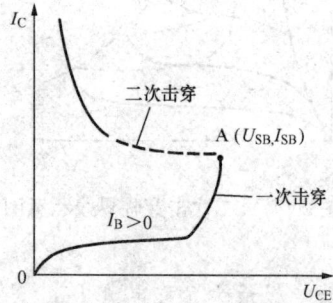

图 2-16 二次击穿示意图

三、二次击穿和安全工作区

（一）二次击穿

二次击穿是大功率晶体管损坏的主要原因，是影响晶体管变流装置可靠性的一个重要因素。因此二次击穿问题是使用者极其关心的问题。

在 $I_B > 0$ 时，当集电极的反偏电压 U_{CE} 逐渐增大到某一数值时，集电极电流（I_C）急剧增大，这就是通常所说的雪崩击穿现象，即一次击穿现象。一次击穿的特点是，在 I_C 急剧增加的过程中，集电极的维持电压基本保持不变，如图 2-16 所示。

当 U_{CE} 再增大，I_C 上升到某一临界值（图 2-16 中 A 点）时，晶体管上电压突然下降，I_C 仍继续增长，即出现了负阻效应（晶体管上电压减少，而管中电流增加），这个现象称为二次击穿。开始发生二次击穿的电压（U_{SB}）和电流（I_{SB}）称为二次击穿的临界电压和临界电流，其乘积为：

$$P_{SB} = U_{SB} I_{SB}$$

称为二次击穿的临界功率。整个二次击穿过程发生在几毫秒到几微秒的范围内，若这时器件不能得到妥善的保护，就会立即烧毁。通常认为，在出现负阻效应时，电流会急剧向发射区的局部地方集中，这时就会出现局部温度升高，引起局部区域电流密度更加增大的恶性循环反应，直至烧毁硅材料。把不同 I_B 下发生二次击穿的临界点连接起来就是二次击穿临界线，如图 2-17 所示。P_{SB} 越大，二次击穿越不容易发生，如图 2-18 所示。

（二）安全工作区

1. 最高电压 U_{CEM}

GTR 上电压超过规定值时会发生击穿。击穿电压不仅和晶体管本身特性有关，还与外电路接法有关。当发射极开路时，集电极和基极间的反向击穿电压为 $U_{B\cdot cbo}$；基极开路时，集电极和发射极间的击穿电压为 $U_{B\cdot ceo}$；发射极和基极间用电阻连接或短路连接时，集电极和发射极间的击穿电压为 $U_{B\cdot cer}$ 和 $U_{B\cdot ces}$；以及发射极反向偏置时，集电极和发射极间的击

穿电压为 $U_{B\cdot cex}$。这些击穿电压之间的关系为 $U_{B\cdot cbo} > U_{B\cdot cex} > U_{B\cdot ces} > U_{B\cdot cer} > U_{B\cdot ceo}$。实际使用时，为确保安全，最高工作电压 U_{CEM} 要比 $U_{B\cdot ceo}$ 低得多。

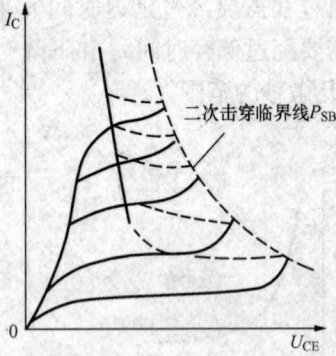

图 2-17 二次击穿临界线示意图

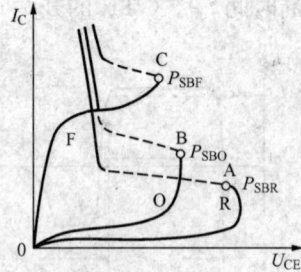

图 2-18 三种不同工作状态下二次击穿曲线

（F：$I_B > 0$；O：$I_B = 0$；R：$I_B < 0$）

2. 集电极最大允许电流 I_{CM}

集电极最大允许电流 I_{CM}，通常规定为直流电流放大系数 h_{FE} 下降到规定值的 $1/2 \sim 1/3$ 时所对应的 I_C。实际使用时要留有裕量，只能用到 I_{CM} 的一半或稍多一点。

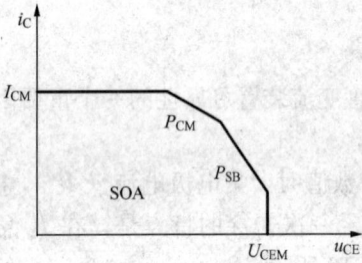

图 2-19 GTR 的安全工作区

3. 集电极最大耗散功率 P_{CM}

集电极最高工作温度下允许的耗散功率，叫做最大耗散功率 P_{CM}。产品说明书中给出 P_{CM} 时同时给出了壳温 T_C，间接表示了最高工作温度。

安全工作区（Safe Operating Area—SOA）由最高电压 U_{CEM}、集电极最大电流 I_{CM}、最大耗散功率 P_{CM} 和二次击穿临界线 P_{SB} 限定，如图 2-19 所示。

第五节 功率场效应管

功率场效应管分为结型和绝缘栅型两种类型，通常主要指绝缘栅型中的 MOS 型，简称电力 MOSFET。而结型电力场效应晶体管一般称作静电感应晶体管（Static Induction Transistor—SIT）。电力 MOSFET 是一种电压控制型单极晶体管，它是通过栅极电压来控制漏极电流的，因而它的显著特点是驱动电路简单、驱动功率小、高频特性好，因而最适合应用于开关电源、高频感应加热等高频场合；没有二次击穿问题，安全工作区广，耐破坏性强。电力 MOSFET 的缺点是电流容量小、耐压低、通态压降大，不适宜运用于大功率装置。目前的制造水平大概是 1kV/2A/2MHz 和 60V/200A/2MHz。

一、电力 MOSFET 的工作原理和静态伏安特性

功率场效应管的电气图形符号如图 2-20（a）所示。它是用栅极电压来控制漏极电流的，其驱动电路简单。功率场效应管的静态特性如图 2-20（b）、（c）所示。图 2-20（b）为漏极电流 I_D 和栅源间电压 U_{GS} 的关系，称为 MOSFET 的转移特性。I_D 较大时，I_D 与 U_{GS}

的关系近似线性，曲线的斜率定义为跨导 G_{fs}。图 2-20（c）为输出特性，分为截止区（对应于 GTR 的截止区）、饱和区（对应于 GTR 的放大区）和非饱和区（对应于 GTR 的饱和区），工作在开关状态，即在截止区和非饱和区之间来回转换。漏源极之间有寄生二极管，漏源极间加反向电压时器件导通。通态电阻具有正温度系数，对器件并联时的均流有利。同样，当门控电压足够高时，器件完全导通，近似于开关闭合；当门控电压低于门槛值时，器件关断。其开关状态的理想特性如图 2-20（d）所示。

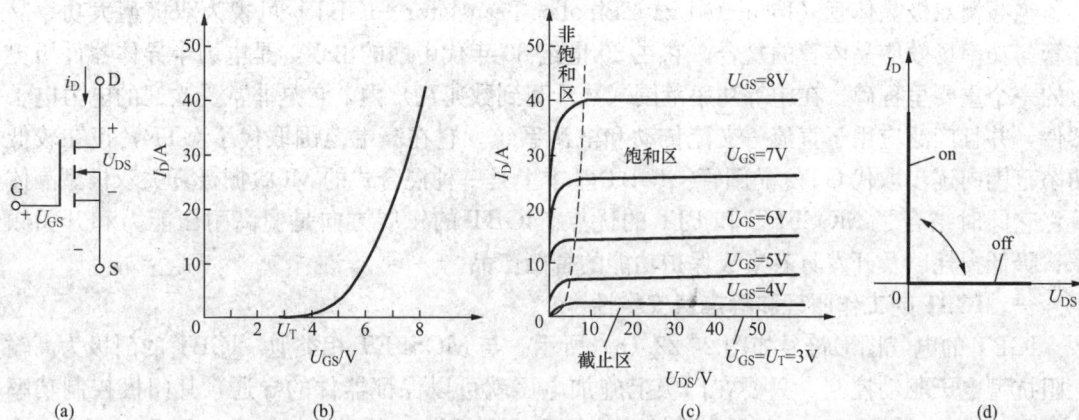

图 2-20 电力 MOSFET 的电气图形符号、转移特性、输出特性和理想特性
(a) 电力 MOSFET 的电气图形符号；(b) 转移特性；(c) 输出特性；(d) 理想特性

二、电力 MOSFET 的动态特性

电力 MOSFET 的开关时间在 $10 \sim 100\text{ns}$ 之间，工作频率可达 100kHz 以上，是电力电子器件中最高的。场控器件静态时几乎不需输入电流，但在开关过程中需对输入电容充放电，仍需一定的驱动功率。开关频率越高，所需要的驱动功率越大。图 2-21 给出了电力 MOSFET 的开关过程的波形。与 GTR 相似，其开通延迟时间 $t_{d(on)}$ 与上升时间 t_r 的和为开通时间 t_{on}，关断延迟时间 $t_{d(off)}$ 与下降时间 t_f 的和为关断时间 t_{off}。

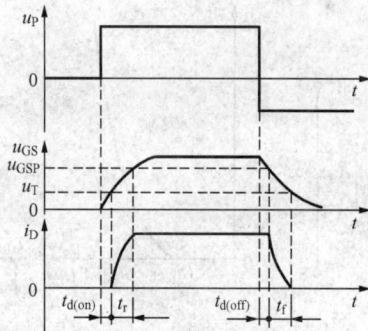

图 2-21 电力 MOSFET 的开关过程波形

三、电力 MOSFET 的参数

除了前面涉及到的跨导 G_{fs}、开启电压 U_T 以及开关过程中的各时间常数之外，电力 MOSFET 还有以下主要参数。

(1) 漏极电压 U_{DS}：这是标称电力 MOSFET 的电压定额的参数。

(2) 漏极直流电流 I_D 和漏极脉冲电流幅值 I_{DM}：这是标称电力 MOSFET 的电流定额的参数。

(3) 栅源电压 U_{GS}：栅极和源极之间的绝缘层很薄，当 $|U_{GS}| > 20\text{V}$ 时，将导致绝缘层击穿。

(4) 极间电容：电力 MOSFET 的三个电极之间分别存在极间电容 C_{GS}、C_{GD} 和 C_{DS}，这些电容都是非线性的。

漏源间的耐压、漏极最大允许电流和最大耗散功率决定了电流 MOSFET 的安全工作区。一般来说，电流 MOSFET 不存在二次击穿问题，这是它的一大优点。但在实际使用中，仍应保留一定的裕量。

第六节　绝缘栅双极型功率晶体管

绝缘栅双极晶体管（Insulated-gate Bipolar Transistor—IGBT）可视为双极型大功率晶体管与功率场效应晶体管的复合。它在 20 世纪 80 年代中期的出现，是电力半导体器件历史上的一个重要里程碑。在中等功率范围（数千瓦到数兆瓦）内，它是非常受欢迎的电力电子器件，并且广泛应用于直流—交流传动和电源系统。它在高端范围取代了 GTR，正在较低功率范围内逐步取代 GTO 晶闸管。IGBT 基本上是一种混合式的 MOS 栅极开关双极型晶体管，它同时结合了 MOSFET 和 BJT 的优点。IGBT 的发展方向是提高耐压能力和开关频率、降低损耗以及开发具有集成保护功能的智能产品。

一、IGBT 的工作原理和静态伏安特性

IGBT 的电气图形符号如图 2-22（a）所示。与 MOSFET 相类似，IGBT 的门极为高输入阻抗型电压驱动控制，只要在门极上施加电压就可以保证器件的导通，其门极控制功率小。图 2-22（b）和（c）分别为其转移特性和输出特性。由图 2-22（b）可见，当 u_{GE} 大于开启电压 $U_{GE(th)}$ 时，IGBT 导通，电导调制效应使电阻减小，使通态压降减小。当栅射极间施加反压或不加信号时，晶体管的基极电流被切断，IGBT 关断。IGBT 可以看成是 MOSFET 驱动的 GTR 大功率晶体管，其输出特性如图 2-22（c）所示。它的主电路技术性能与 GTR 相近。IGBT 的理想伏安特性如同开关性能，如图 2-22（d）所示。

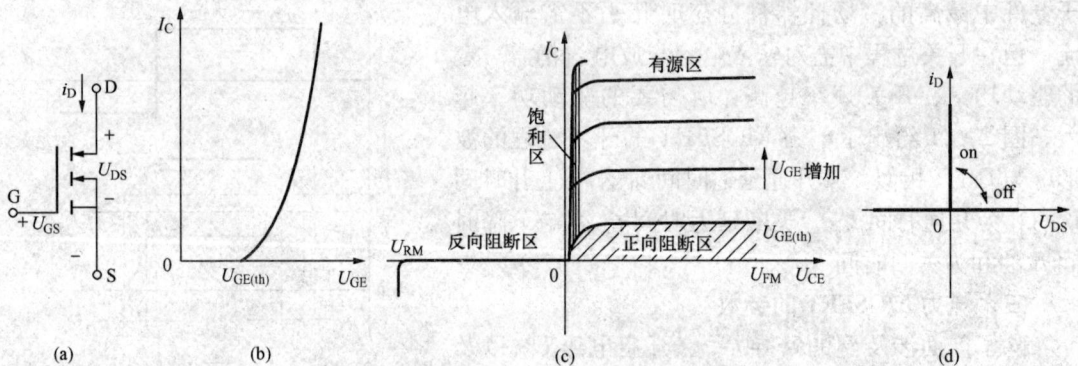

图 2-22　IGBT 的电气图形符号、转移特性、输出特性和理想特性
（a）IGBT 的电气图形符号；（b）转移特性；（c）输出特性；（d）理想特性

二、IGBT 的参数特点

有关 IGBT 的参数和特性，各国厂家给出的并不完全一样，但从总的方面来看，IGBT 具有下列特点：

（1）IGBT 的开关速度高，开关损耗小，IGBT 电压在 1000V 以上时的开关损耗仅是 GTR 的 1/10，与电力 MOSFET 相当。

（2）IGBT 的通态压降比电力 MOSFET 低，特别是大电流区段。

（3）IGBT 的通态压降在 1/2 或 1/3 额定电流以下区段具有负的温度系数，在以上区段具

有正的温度系数，因此，IGBT 在并联使用时具有电流自动调节的能力，即有易与并联的特点。

（4）IGBT 的安全工作区比 GTR 宽，而且它还具有耐脉冲电流冲击的性能。

（5）IGBT 的输入特性与电力 MOSFET 相似，输入阻抗高，它在驱动电路中作为负载时呈容抗性质。

（6）与电力 MOSFET 和 GTR 相比，IGBT 的耐压可以继续做得高，电流可以继续做得大，同时还保持工作频率高的特点。

最后值得注意的是：IGBT 的关断波形如图 2-23 所示，即存在电流拖尾现象——在 t_{f1} 时间内电流快速下降，在 t_{f2} 时间内电流下降变得缓慢。除此之外，IGBT 的开关时间定义与电力 MOSFET 是一样的。

图 2-23　IGBT 的
关断波形

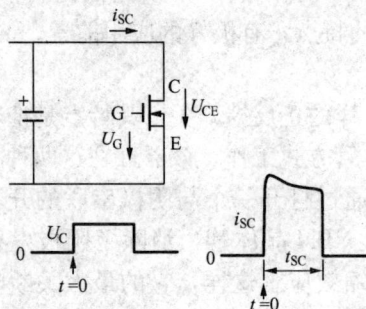

三、IGBT 的过载能力

如何合理和经济地使用 IGBT，非常重要的一点是了解它的过载性能，这是使用者极感兴趣的问题。

（一）IGBT 的短路特性

通过图 2-24 的试验电路可以测试 IGBT 的短路特性。将电容上的电压加在 IGBT 管的 CE 两端。这时给其栅极施加一个低重复率、幅值固定的脉冲，则被试 IGBT 管就通过一个短路的脉冲电流，然后逐渐加大短路时间 t_{sc}，直至器件损坏为止。利用这个实验，就可以初步确定任何一个 IGBT 在规定温度、规定 U_{CE} 和规定栅极电压值下承受电流的能力。这个试验方法与实际应用仍有差距，即未顾及到动态 $\mathrm{d}u/\mathrm{d}t$ 可能引起的锁定效应。但通过该试验电路获得一个结果：IGBT 器件的饱和压降越高，其允许的短路时间越长，如图 2-25 所示，这时施加的栅极电压 U_G 应能维持器件正常时的饱和压降接近实际的最小值（这是最危险状况，是正常工作时要求的），并在整个故障过程中保持不变。由图 2-25 可知，饱和压降小于 2V 的器件，其允许的短路时间小于或等于 5μs。当饱和压降增加到 4～5V 时，其允许的短路时间增加到 30μs 左右（这与双极型晶体管的典型数量级相同，但饱和压降却比双极型晶体管高）。显然，厂家提供的这条曲线可为电路设计者设计过载或短路保护提供基本的设计依据。若无这条短路曲线，可以通过试验来确定器件固有的承受短路电流的能力。

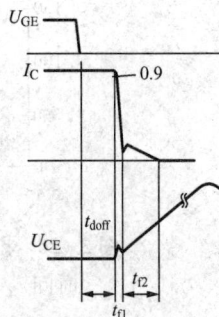

图 2-24　简单的 IGBT 短路试验电路

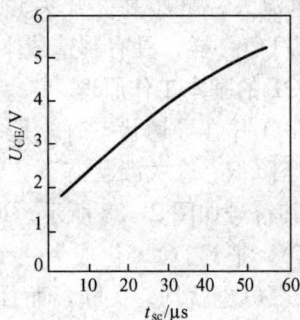

图 2-25　IGBT 的饱和压降 U_{CESAT} 与
允许的 t_{sc} 之间的关系（典型的）

引申上述结论，在实际应用中，可以通过减少栅极电压来降低短路电流和延长短路时间，如图 2-26 所示。该曲线是根据 IR 公司的 IRGPC40F 器件给出的，该型号的器件参数

为 $I_{C(25℃)}=49A$，$I_{C(100℃)}=27A$，$U_{B·CE}=600V$。从图 2-26 可看出，这种器件在 $5\mu s$ 内，可承受 250A 以上的短路电流，当栅极电压从 15V 降低到 10V 时，允许的短路时间增加了 $10\mu s$。

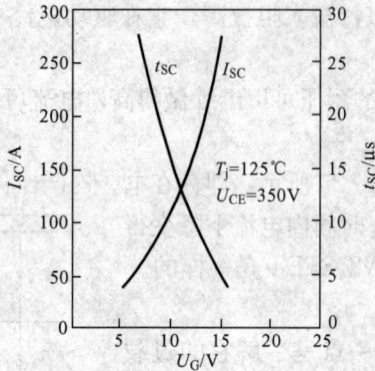

图 2-26 栅极电压与短路电流 I_{SC} 及短路
时间 t_{SC} 之间的关系（IRGPC40F）

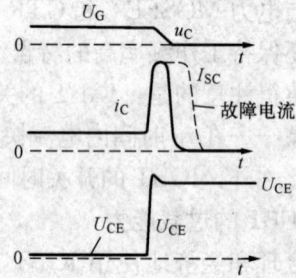

图 2-27 撤除栅极电压方案

（二）故障保护方案

对于正常过载，像电机起动、滤波电容的合闸冲击或者是负载的突然变化，需通过正常的闭环系统进行调节和控制，对于非正常和偶然的短路故障可以采用撤除栅电压保护方案。这种方案不去区别真实故障、偶然故障和虚伪故障，而在 $2\mu s$ 内迅速撤除栅极信号，如图 2-27 所示。

第七节 集成门极换流晶闸管 IGCT

集成门极换流晶闸管（Integrated Gate-Commutated Thyristor—IGCT），也有厂家称为门极换流晶闸管（Gate-Commutated Thyristor—GCT）。IGCT 是一种新型的电力电子器件，它将 GTO 芯片与反并联二极管和门极驱动电路集成在一起，再与其门极驱动器在外围以低电感方式连接，结合了晶体管和晶闸管两种器件的优点，即晶体管的稳定关断能力和晶闸管的低通态损耗。IGCT 在导通期间发挥晶闸管的性能，关断阶段呈类似晶体管的特性。IGCT 具有电流大、电压高、开关频率高、可靠性高、结构紧凑、损耗低的特点。此外，IGCT 还像 GTO 一样，具有制造成本低和成品率高的特点，有极好的应用前景。

一、IGCT 的基本工作原理

当 IGCT 工作在导通状态时，是一个像晶闸管一样的正反馈开关，其特点是携带电流能力强和通态压降低。在关断状态下，整个器件呈晶体管方式工作，该器件在这两种状态下的等效电路及其符号如图 2-28 所示。IGCT 关断时，通过打开一个与阴极串联的开关（通常是 MOSFET），把 GTO 转化成为一个无接触基区的 NPN 晶体管，消除了阴极发射极的正反馈作用，GTO 也就均匀关断，而且没有载流子收缩效应。这样，它的最大关断电流比传统 GTO 的额定电流高出许多。由于 IGCT 在增益接近 1 时关断，因此，保护性的吸收电路可以省去。

二、IGCT 的特性

（一）开通特性

因为 IGCT 是双稳态开通的器件，它可以调整 $\mathrm{d}i/\mathrm{d}t$ 或 $\mathrm{d}v/\mathrm{d}t$，就像真正的三极管那样。

虽然这些参数对器件本身并不十分重要，但是开通一个开关的同时，总会强制关断一个相连的同样等级的二极管。图 2-29 显示了典型的开通转换波形。

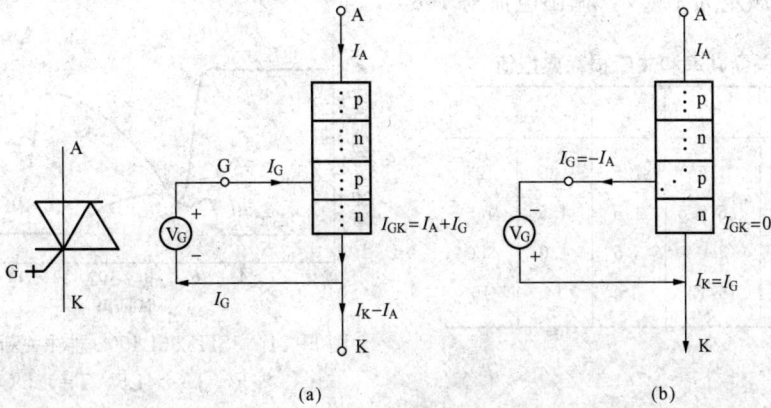

图 2-28 IGCT 的电路符号及导通和阻断状态示意图
（a）导通状态；（b）阻断状态

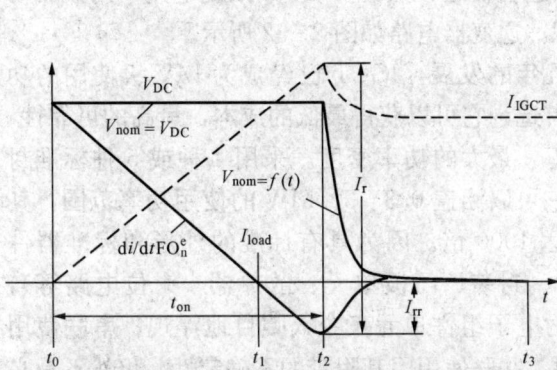

图 2-29 IGCT 的开通转换波形

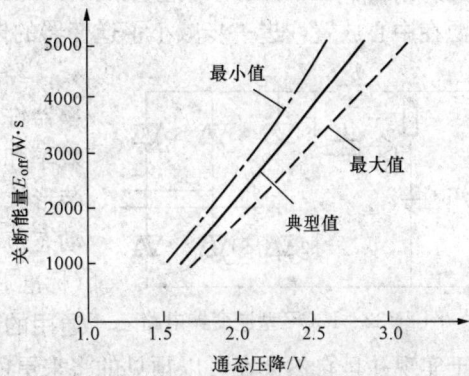

图 2-30 IGCT 的通态特性

（二）通态特性

IGCT 通过利用缓冲层结构及阳极透明发射极技术实现了低通态压降和高关断能力。图 2-30 为 IGCT 器件的通态特性，其中给出了 125℃时及 1000~5000A 电流范围内，通态压降的最大值、最小值及典型值。此通态特性使得在 T_C =85℃时，器件能通过 2200A 的均方根额定电流（正弦半波，50Hz）。

（三）关断特性

由于具有均匀开关特性，IGCT 的关断能力大大提高。ABB 半导体部开发的 5SH35L4502 器件关断功率和对应的关断损耗典型值（非重复值）见表 2-1。图 2-31 给出了 5kA 时，吸收电容为 4μF 时 IGCT 的关断波形，其吸收电感大于 200nH。缓冲层设计的特点在图中清晰可见，尾部电流大，持续时间短。采用不同的辐照工艺可以降低尾部电流及关断损耗，而通态电压只略有提高。

三、IGCT 的典型应用举例

（一）串联应用

与 GTO 相比，IGCT 的一个突出的优点是存储时间短，因而在串联应用时，各个 IGCT

关断时间的偏差极小，其分担的电压会较为均衡，所以适合大功率应用。在铁路用 100MVA（已商业化）转换控制网络的输出级中，采用了 12 个 IGCT，每组 6 个串联，直流中间电路电压额定为 10kV，输出电流为 1430A。

表 2-1   关断功率和关断损耗典型值

Cg/μF	0	1	2	4
最高温度/℃	115	125	125	125
U_D/kV	4.5/3.5	4.5	4.5	4.5
I_{IGCT}/kA	3.0	3.5	4.0	5.0
E_{off}/Wg	16/12	15	14	16

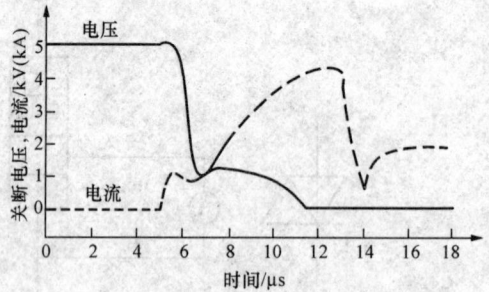

图 2-31   5SHY35L4502 器件关断 5kA 的波形，C_S=4LF，T=125℃

（二）牵引逆变器

由于牵引领域的广泛需要，逆导 IGCT 发展很快，IGCT 可无吸收关断，比 GTO 逆变器更加紧凑。在目前已成功应用的 IGCT 三相逆变器中，只需要 di/dt 限制电路，门极驱动电源在中心放置，进一步减小了逆变器的体积。逆变器电路如图 2-32 所示。

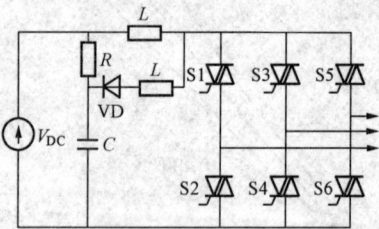

图 2-32   IGCT 型逆变器电路

经过几年的发展，IGCT 已经成为 MV 级使用的功率器件的首选，它可以获得最低的成本，最高的可靠性、效率和频率，最大的功率密度。采用 4 种或 5 种标准封装形式，它可以涵盖 0.3～300MW 的使用功率范围，其动态范围达 1000 倍。因为具有标准的外形和标准器件（标准芯片、封装、门极单元、散热器、钳位电路等），通用的电力电子组件单元正令人瞩目地浮现。串联使用易于实现并且自然会在可以预见的将来更简便。并联使用因其附带的不确定性，仍然不是必需的使用。近几年名誉扫地的压结式封装，又重新因其简便性、可靠性、低阻、固有的标准化和模块化等而重新被人们所认识，IGCT 如此，IGBT 亦然，而且在电压源逆变器组装时减弱开关的高能量的直流连接这一明智之举，已经被这两种器件广泛地接受。

第八节   功率集成电路

在电力电子器件的开发和研制过程中的一个共同趋势是模块化，它是将多个功率半导体芯片按照应用要求复合连接封装在一个模块中，称为功率模块。按照所含芯片的种类，可分为二极管模块（Diode Module）、晶体管模块（Transistor Module）以及智能功率模块（Interligent Power Module—IPM）等。智能功率模块（IPM）则专指 IGBT 及其辅助器件与其保护和驱动电路的单片集成，也称智能 IGBT（Intelligent IGBT）。

自 20 世纪 70 年代末，国际上出现这类功率模块产品以来，其应用和需求迅速增长，尤其是晶体管模块（主要有 IGBT Module、MOSFET Module）和智能功率模块（IPM）得到了重点开发和研制，这是因为功率模块除了保持原有功率器件的基本技术性能还具有以下的特点：

（1）外部电路端口与散热板（安装平台）实现了完全电隔离，因而多个模块可安装在同一个散热板上。

（2）将开关组合电路与辅助电路（驱动控制、续流和指定部分等）集成为一体可以直接利用逻辑信号（如微处理器）触发，并具有自保护功能，由于缩短了驱动引线，噪声影响减小。

（3）模块结构紧凑，可缩小装置体积，降低成本，易于实现应用设备的小型化。

（4）组装连接简易，便于装卸和维护。

（5）对工作频率高的电路，可大大减小线路电感，从而简化对保护和缓冲电路的要求。

将器件与逻辑、控制、保护、传感、检测、自诊断等信息电子电路制作在同一芯片上，称为功率集成电路（Power Integrated Circuit—PIC）。高压集成电路（High Voltage IC—HVIC）一般指横向高压器件与逻辑或模拟控制电路的单片集成。智能功率集成电路（Smart Power IC—SPIC）一般指纵向功率器件与逻辑或模拟控制电路的单片集成。

功率集成电路的发展现状：

（1）功率集成电路的主要技术难点：高低压电路之间的绝缘问题以及温升和散热的处理。

（2）以前功率集成电路的开发和研究主要在中小功率应用场合。

智能功率模块在一定程度上回避了上述两个难点，最近几年获得了迅速发展。

功率集成电路实现了电能和信息的集成，成为机电一体化的理想接口。

第九节 电力电子器件的串并联

对于大型电力电子装置，当单个电力电子器件的电压或电流定额不能满足要求时，往往需要将电力电子器件串联或并联起来工作。本章先介绍由晶闸管组成的串、并联电路应注意的问题和处理措施，然后介绍应用较多的电力 MOSFET 并联和 IGBT 并联的一些特点。

一、晶闸管的串联

当晶闸管的额定电压小于实际要求时，可以用两个以上同型号的器件串联。理想的串联希望器件分压相等，但因特性差异，使器件电压分配不均匀。当串联的器件流过的漏电流相同时，因静态伏安特性的分散性，各器件分压不等，出现了静态不均压问题，如图 2-33（a）所示。而动态不均压是由于器件动态参数和特性的差异造成的不均压。

为了避免产生静态分压不均匀应采取的措施：①选用参数和特性尽量一致的器件；②采用电阻均压，R_D 的阻值应比器件阻断时的正、反向电阻小得多，如图 2-33（b）所示。

为了避免产生动态分压不均匀应采取的措施：①选择动态参数和特性尽量一致的器件；②用 RC 并联支路作动态均压；③采用门极强脉冲触发可以显著减小器件

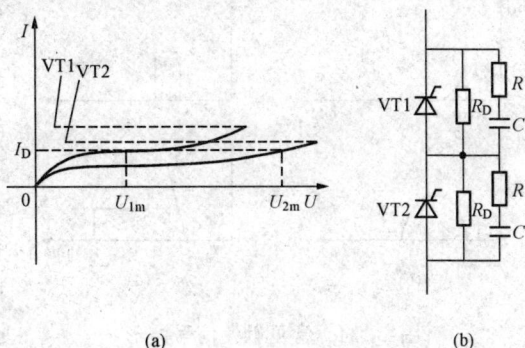

图 2-33 晶闸管的串联

(a) 伏安特性差异；(b) 串联均压措施

开通时间的差异。

二、晶闸管的并联

大功率晶闸管装置中，常用多个器件并联来承担较大的电流。当晶闸管并联时就会分别因静态和动态特性参数的差异而存在电流分配不均匀的问题。均流的首要措施是挑选参数和特性尽量一致的器件。此外还可以采用均流电抗器，采用门极强脉冲触发也有助于动态均流。下面分别以电力 MOSFET 和 IGBT 并联运行为例来分析电力电子器件并联的特点。

电力 MOSFET 并联运行的特点：R_{on} 具有正温度系数，具有电流自动均衡的能力，容易并联。注意选用 R_{on}、U_T、G_{fs} 和 C_{iss} 尽量相近的器件并联。电路走线和布局应尽量对称。可在源极电路中串入小电感，起到均流电抗器的作用。

IGBT 并联运行的特点：在 1/2 或 1/3 额定电流以下的区段，通态压降具有负温度系数。在以上的区段则具有正温度系数。并联使用时也具有电流的自动均衡能力，易于并联。

第十节　电力电子器件的保护驱动电路

一、电力电子器件的驱动电路

驱动电路是主电路与控制电路之间的接口，是电力电子装置的重要环节，对整个装置的性能有很大的影响。采用性能良好的驱动电路，使电力电子器件工作在较理想的开关状态，缩短开关时间，减小开关损耗，对装置的运行效率、可靠性和安全性都有重要的意义。一些保护措施也往往设在驱动电路中，或通过驱动电路实现。

简单的说，驱动电路的基本任务：①按控制目标的要求施加开通或关断的信号；②对半控型器件只需提供开通控制信号；③对全控型器件则既要提供开通控制信号，又要提供关断控制信号。

按驱动电路加在电力电子器件控制端和公共端之间信号的性质，可将电力电子器件分为电流驱动型和电压驱动型两类。晶闸管的驱动电路常称为触发电路。而典型的全控器件将按电流驱动型和电压驱动型分别讨论。

（一）晶闸管的触发电路

按触发角的大小在正确的时刻向对应的晶闸管提供控制门极电流使其导通。常见的触发信号波形如图 2-34 所示。晶闸管触发电路一般应满足下列基本要求：①触发信号可以是交流、直流或脉冲，常采用脉冲形式；②触发脉冲必须有足够的电压和电流；③触发脉冲要有足够的宽度（考虑掣住电流）并与负载功率因数有关，桥式全控采用 60°～120° 宽脉冲或双窄脉冲，较宽的触发信号也可采用脉冲列的形式；④触发脉冲必须与主回路电源同步；⑤触发脉冲的移相范围应满足变流装置的要求；⑥动态响应快，抗干扰能力强，温度稳定性好。

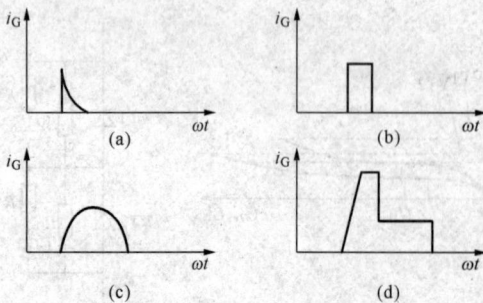

图 2-34　常见触发信号波形

(a) 尖脉冲；(b) 矩形脉冲；(c) 正弦
半波信号；(d) 强触发脉冲

图 2-35（a）所示为一个典型的带强触发变压器的耦合驱动电路。驱动极达林顿晶闸管 V2 开路期间，电容 C 被充电至 $E2$。V2 导通，C 通过脉冲变压器一次绕组和 V2 放电，形成前沿尖峰。以后变压器一次绕组由 $E1$ 供电。V2 关断后，C 再次充电至 $E2$。图 2-35（b）示出了各点的电压波形。

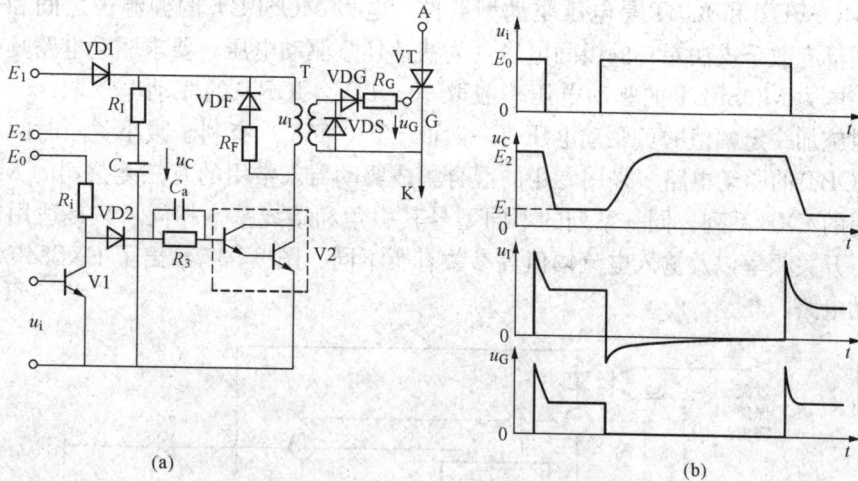

图 2-35 带前沿尖峰门极驱动电路及其波形图
(a) 电路；(b) 工作波形

（二）电流驱动型器件的驱动电路

GTO 和 GTR 是电流驱动型器件。这里以 GTO 为例来分析，虽然 GTO 和晶闸管类似，即要求在其门极施加脉冲电流，但由于其关断时要求施加很大幅值的门极负脉冲电流，因此，全控器件 GTO 的驱动器比半控器件晶闸管要复杂得多。图 2-36 给出了一个门极驱动电路的例子。需要 GTO 开通时，MOS 管 M1、M2 接收来自控制系统的开通信号（M1、M2 为高频互补式方波脉冲电压），两个 MOS 管 M1、M2 交替地通断变换。脉冲变压器 PTR 传输高频脉冲列，脉冲变压器副方电压为高频交流脉冲电压 U_{AB}，当 A 为正、B 为负时，副方电压 U_{OB} 从 O 点经稳压齐纳二极管 VDZ 和电感 L 产生正向电流 I_G，再经 VD2 回到 B 点。当 B 为正，A 为负时，副方电压 U_{OA} 从 O 点经 VDZ 和 L 产生正向 I_G 开通 GTO，再经 VD1 回到 A 点。在 GTO 被正向 I_G 驱动的同时，电容 C 经由四个二极管组成的整流桥 RCT 充电。GTO 导通后，撤除 M1、M2 信号，GTO 仍保持通态，电容 C 已被充好电，积

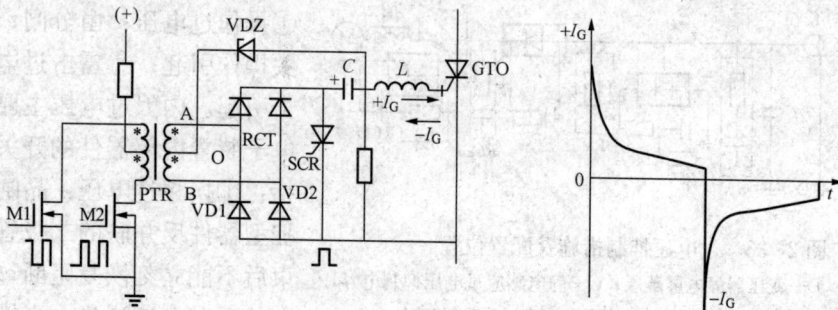

图 2-36 有隔离变压器的 GTO 驱动器

蓄了关断 GTO 所需能量，一旦需要关断 GTO 时，控制系统发出关断信号，一方面令 M1、M2 失去开通信号，同时触发图中的晶闸管导通，电容 C 经晶闸管到 GTO 的阴极、门极和电感 L 放电，产生反向电流 I_G，关断 GTO。

（三）电压驱动型器件的驱动电路

电路 MOSFET 和 IGBT 是电压驱动型器件。电力 MOSFET 的栅源极之间和 IGBT 的栅射极之间都有数千皮法左右的极间电容，为快速建立驱动电压，要求驱动电路具有较小的输出电阻。电力 MOSFET 的驱动电压一般取 10～15V，IGBT 的驱动电压取 15～20V。同样，关断时施加一定幅值的负驱动电压（一般取 $-5\sim-15$V）有利于减小关断时间和关断损耗。比如 IGBT 的驱动电路多采用专用的混合集成驱动器。常用的有三菱公司的 M579 系列和富士公司的 EXB 系列。同一系列的不同型号其引角和接线基本相同，只是适用被驱动器件的容量、开关频率以及输入电流幅值等参数有所不同。图 2-37 给出了 EXB840/841 高速型厚膜驱动电路。

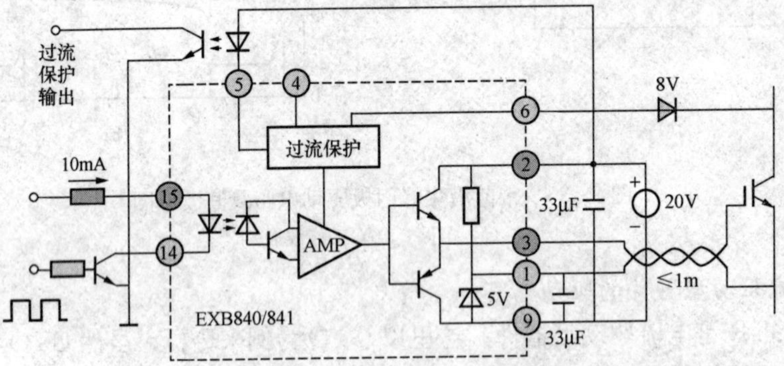

图 2-37 EXB840/841 高速型厚膜驱动电路（富士）
EXB840：150A/600V、75A/1200V；40kHz、延迟<1μs、25mA；
EXB841：400A/600V、300A/1200V；40kHz、延迟<1μs、47mA

二、电力电子器件的保护电路

在电力电子电路中，除了电力电子器件参数选择合适、驱动电路设计良好外，采用合适的过电压保护、过电流保护、$\mathrm{d}u/\mathrm{d}t$ 保护和 $\mathrm{d}i/\mathrm{d}t$ 保护也是必要的。

（一）过电压的产生和过电压的保护

电力电子装置可能的过电压分为外因过电压和内因过电压两类。外因过电压主要来自雷击和系统中的操作过程等，包括：①操作过电压：由分闸、合闸等开关操作引起；②雷击过电压：由雷击引起。内因过电压主要来自电力电子装置内部器件的开关过程，包括：①换相过电压：晶闸管或与全控型器件反并联的二极管在换相结束后不能立刻恢复阻断，因而有较大的反向电流流过，当恢复了阻断能力时，该反向电流急剧减小，会

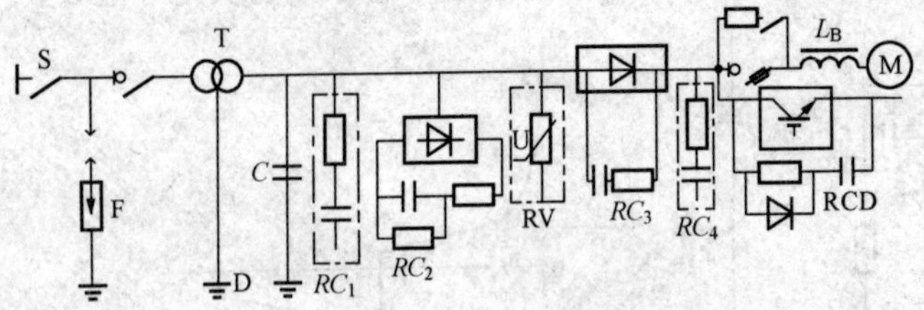

图 2-38 过电压抑制措施及配置位置
F—避雷器；D—变压器静电屏蔽层；C—静电感应过电压抑制电容；
RC_1—阀侧浪涌过电压抑制用 RC 电路；RC_2—阀侧浪涌过电压抑制用反向阻断式 RC 电路

由线路电感在器件两端感应出过电压；②关断过电压：全控型器件关断时，正向电流迅速降低而由线路电感在器件两端感应出的过电压。图 2-38 示出了各种过电压保护措施及其配置位置，各种电力电子装置可根据具体情况只采用其中的几种。其中 RC_3 和 RCD 的作用是抑制电力电子器件的内因过电压 du/dt 或者过电流 di/dt，减小器件的开关损耗，其功能已属于缓冲电路的范畴，有关缓冲电路设计的详细内容还需参考专门的著作和文献。

（二）过电流保护

电力电子电路运行不正常或者发生故障时，可能会发生过电流。过电流分过载和短路两种情况。图 2-39 给出了各种过电流保护措施及其配置位置，其中采用快速熔断器、直流快速断路器和过电流继电器是较为常用的措施。一般电力电子装置均同时采用几种过电流保护措施，以提高保护的可靠性和合理性。在选择各种保护措施时应注意相互协调。通常，电子电路作为第一保护措施，快速熔断器仅作为短路时的部分区段的保护，

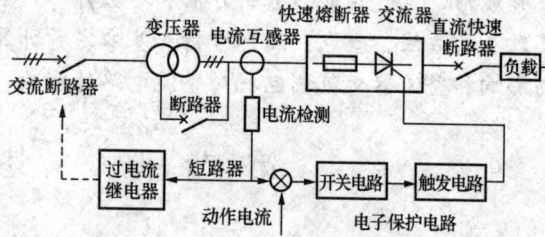

图 2-39　过电流保护措施及配置位置

直流快速断路器整定在电子电路动作之后实现保护，过电流继电器整定在过载时动作。

第三章 整 流 电 路

内容提要与目的要求

理解和掌握单相桥式、三相半波、三相桥式等整流电路的电路结构、工作原理、工作波形、电气性能、分析方法和参数计算；理解和掌握整流电路的功率因数及其改善的方法。重点：波形分析和基本定量计算的方法。难点：不同负载对工况的影响和整流器交流侧电抗对整流电路的影响。

第一节 概 述

AC—DC 变换电路是直接将交流电能转换为直流电能的电路，泛称整流电路。

一、整流电路的分类

在所有的电能转换形式中，AC—DC 变换是最早出现的一种，自 20 世纪 20 年代迄今已经历了旋转式变流机组、静止式离子整流器和静止式半导体整流器三个阶段。

旋转式变流机组和静止式离子整流器的技术经济性能均不及静止式半导体整流器，因此已为后者所取代。

静止式半导体整流器，按照电路中变流器件的开关频率不同，所有的半导体变流电路可划分为低频和高频两大类。对于整流电路而言，前者是指传统相控式整流电路，是所有半导体变流电路中历史最久、技术最成熟、应用也最广泛的一种电路；后者是指最近才发展起来的斩控式整流电路，是所有半导体变流电路中历史最短的一种电路，是斩波控制方式和高频自关断器件技术发展的产物。本章主要介绍相控式整流电路。

为了满足生产的不同要求，随着科学和技术的发展，世界上已创造了多种半导体整流电路，分类如图 3-1 所示。

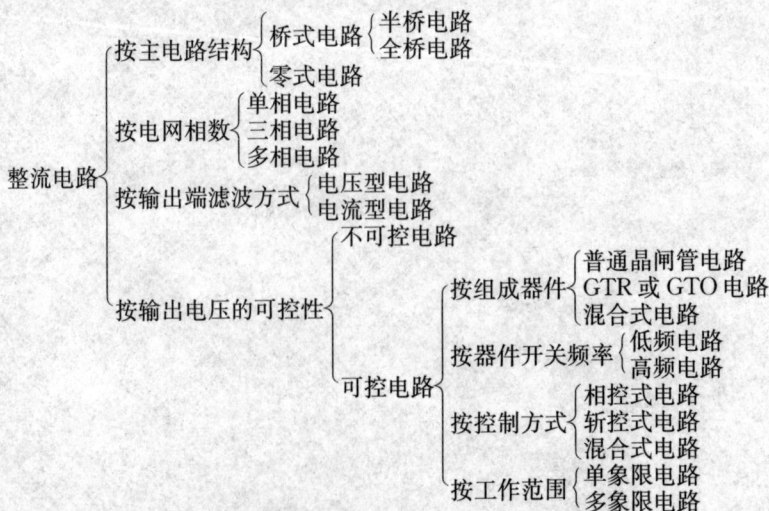

图 3-1 整流电路的分类

二、换相规律与输出电压的控制

（一）对电源系统电压的要求

整流电路在工作过程中，要按照电源电压的变化规律周期性地切换整流工作回路。为保证整流电路在稳定工作状态下能均衡工作，使输出电压、电流波形的变化尽可能小，要求电源系统对称，并且电压波动在一定的允许范围之内。

（二）自然换相点

在不可控整流电路中，整流管将按电源电压变化规律自然换相，自然换相的时刻称为自然换相点。

（三）输出电压控制

由整流管组成的整流电路在自然换相点换相，在电源电压不受控的条件下，不可能实现对输出电压的控制。

从自然换相点计起，到晶闸管门极触发脉冲前沿为止的时间间隔，以电角度表示，称为控制角 α。在自然换相点给予触发时，控制角 $\alpha = 0$，相当于不可控整流电路的输出电压。改变控制角 α，便可以改变输出电压波形和输出电压平均值，实现对输出电压的控制。

三、负载性质对电路工作的影响

整流电路的负载可以概括为电阻性负载、电感性负载（即阻感负载）、电容性负载和电动势负载。

对于电阻性负载的可控整流电路，其工作回路的等效电路为正弦电压输入、含逆止元件的电阻电路。因 $i_d = \dfrac{u_d}{R}$，u_d 过零时，$i_d = 0$，电路将自然关断，故 u_d 不会出现为负值的部分。电路按自然换相点出现顺序触发控制，形成整流回路。导通的晶闸管既可能因按规律换相而关断，又可能因负载电流 i_d 过零而自行关断。

对于电感性负载的可控整流电路，其工作回路的等效电路为正弦电压输入、含逆止元件的 RL 电路，i_d 为该电路的电流响应。u_d 过零变负时，$i_d \neq 0$，则由电感 L 的自感电动势提供正向电压，整流回路继续导通，输出电压 u_d 出现为负值的部分。在电感作用较小时，电感 L 的储能不能保持负载电流连续，当 i_d 下降为零时电路自然关断，则 i_d 为 RL 电路的零状态电流响应。在电感作用充分大时，电感 L 的储能可以保证负载电流连续，整流电路将按规律换相，轮流工作。此时 i_d 为 RL 电路的非零状态电流响应。

对于无电感含直流电动势负载的可控整流电路，电动势为晶闸管提供反向电压，将直接影响晶闸管的开通与关断。电源电压 $u > E$ 时，可以触发导通晶闸管；电源电压下降为 $u = E$ 时，导通的晶闸管因电流过零而自然关断。在整流电路的晶闸管全部阻断时，直流侧端电压 $u_d = E$。对于有电感含直流电动势负载的可控整流电路，当电感充分大时，负载的电流连续，工作情况和电感性负载的可控相似整流电路，但输出电流与直流电动势密切相关。

对于可控整流电路的研究内容主要包括：

（1）依据开关元件的理想开关特性和负载性质，分析电路的工作过程。

（2）依据电路的工作过程作出波形分析，包括输出电压 u_d、每个晶闸管承受的电压 u_{VT}，负载电流 i_d、流过每个晶闸管的电流 i_{VT} 及变压器二次侧和一次侧的电流 i_2 和 i_1 的波形等。

（3）在波形分析的基础上，求得一系列电量间的基本数量关系，以便对电路进行定量分析。在设计整流电路时，数量关系可作为选择变压器和开关元件的依据。

第二节 单相可控整流电路

单相半波可控整流电路是组成各种类型的可控整流电路的基本单元电路，且各种可控整流电路的工作回路都可等效为单相半波可控整流电路。因此，对于单相半波可控整流电路的分析是十分重要的，可作为研究各种可控整流电路的基础。

一、单相半波可控整流电路

（一）带纯电阻负载的工作情况

1. 电路

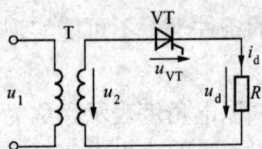

图 3-2 单相半波可控
整流电路（纯电阻负载）

单相半波可控整流电路由晶闸管 VT，整流变压器 T 和直流负载 R 组成，如图 3-2 所示。变压器 T 在电路中起变换电压和隔离的作用。其一次侧和二次侧电压分别用 u_1 和 u_2 表示，有效值用 U_1 和 U_2 表示，其中 U_2 的大小需要根据直流输出电压 u_d 的平均值 U_d 确定。

2. 基本工作原理

（1）假设变压器二次侧电压 u_2 的波形为正弦波：

$$u_2 = U_{2m}\sin\omega t = \sqrt{2}U_2\sin\omega t$$

若把晶闸管 VT 换成电力二极管，该电路就称为单相半波不可控整流电路。二极管只有两种工作状态：当施加正向电压时它处于导通状态（忽略正向压降），两端电压降为零，交流电源电压可以通过二极管加到负载上；当二极管承受反向电压时，它立即截止转为断态，两端阻抗为无限大，从而阻断交流电源，使负载与交流电源断开。

在晶闸管 VT 处于断态时，电路中无电流，负载电阻两端电压为零，u_2 全部施加于 VT 两端。如在 u_2 正半周 VT 承受正向电压期间（晶闸管具备导通的主电路条件）的 ωt_1 时刻给 VT 门极加触发脉冲，如图 3-3（b）所示，则 VT 开通。忽略晶闸管通态电压，则直流输出电压瞬时值 u_d 与 u_2 相等，负载电阻 R、晶闸管 VT 和电源变压器二次绕组通过的电流相同。根据欧姆定律：

$$i_d = i_{VT} = i_2 = \frac{u_d}{R}$$

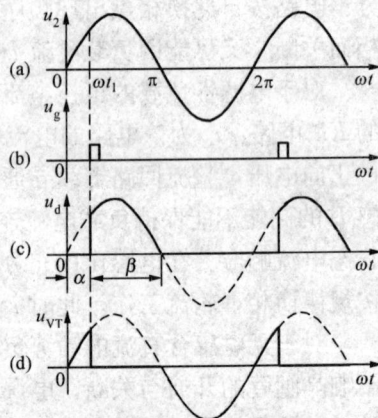

图 3-3 单相半波可控
整流电路波形图

至 $\omega t = \pi$ 即 u_2 降为零时，电路中的电流也降至零，VT 关断，之后 u_d、i_d 均为零。图 3-3（c）、（d）分别给出了 u_d 和晶闸管两端电压 u_{VT} 的波形。而 i_d 的波形与 u_d 的波形相同。

改变触发时刻，i_d 的波形与 u_d 的波形随之改变，直流输出电压 u_d 为极性不变但瞬时值变化的脉动直流，其波形只在 u_2 正半周内出现，故称"半波"整流。加之电路中采用了可控器件晶闸管，且交流输入为单相，故该电路称为单相半波可控整流电路。整流电压 u_d 的波形在一个电源周期中只脉动一次，故该电路为单脉波整流电路。

（2）名词术语和概念：

1）控制角 α：从晶闸管开始承受正向电压到被触发导通为止，这段时间所对应的电角度。

2）导通角 θ：晶闸管在交流电源一个周期内导通的时间所对应的电角度。

3）移相：改变触发脉冲出现的时刻，即改变控制角的大小，称为移相。改变控制角 α 的大小，使输出整流电压的平均值发生变化称为移相控制。

4）移相范围：改变控制角 α 使输出整流电压的平均值从最大值降到最小值（零或负最大值），控制角 α 的变化范围即触发脉冲的移相范围。

5）同步：使触发脉冲与可控整流电路的电源电压之间保持频率和相位的协调关系称为同步。使触发脉冲与电源电压保持同步是电路正常工作必不可少的条件。

6）换流：在可控整流电路中，从一路晶闸管导通变换为另一路晶闸管导通的过程或电流从一条支路转移到另一条支路的过程称为换流，也称换相。

3. 定量计算

（1）直流输出电压平均值：

$$U_d = \frac{1}{2\pi}\int_\alpha^\pi \sqrt{2}U_2\sin\omega t\, d\omega t = \frac{\sqrt{2}U_2}{2\pi}(1+\cos\alpha) = 0.45U_2\frac{1+\cos\alpha}{2} \tag{3-1}$$

当 $\alpha=0$ 时，$U_d=0.45U_2$；当 $\alpha=\pi$ 时，$U_d=0$。

（2）直流输出电流：

$$I_d = \frac{U_d}{R} = 0.45\frac{U_2}{R}\frac{1+\cos\alpha}{2} \tag{3-2}$$

（3）输出电压、电流有效值：

$$U = \sqrt{\frac{1}{2\pi}\int_\alpha^\pi(\sqrt{2}U_2\sin\omega t)^2 d\omega t} = U_2\sqrt{\frac{1}{4\pi}\sin2\alpha + \frac{\pi-\alpha}{2\pi}} \tag{3-3}$$

$$I = \sqrt{\frac{1}{2\pi}\int_\alpha^\pi\left(\frac{\sqrt{2}U_2\sin\omega t}{R}\right)^2 d\omega t} = \frac{U_2}{R}\sqrt{\frac{1}{4\pi}\sin2\alpha + \frac{\pi-\alpha}{2\pi}} \tag{3-4}$$

（4）整流电路的功率因数：

负载消耗的有功功率：$P = I^2R = UI$

电源提供的视在功率：$S = U_2I$

$$\cos\varphi = \frac{P}{S} = \frac{U}{U_2} = \sqrt{\frac{1}{4\pi}\sin2\alpha + \frac{\pi-a}{2\pi}} \tag{3-5}$$

（5）对于单相半波可控整流电路而言，控制角 α 的有效移相范围为：$0\leqslant\alpha\leqslant\pi$。

（6）晶闸管的导通角 θ 与控制角 α 间有固定的关系，可表示为：$\theta=\pi-\alpha$。

（二）带阻感负载的工作情况

电感对电流的变化有抗拒作用。流过电感器件的电流变化时，在其两端产生感应电动势 $e_L = -L\frac{di}{dt}$，它的极性是阻止电流变化的，当电流增加时阻止电流增加，当电流减小时反过来又阻止电流减小。这使得流过电感的电流不能发生突变，这是阻感负载的特点，也是理解整流电路带阻感负载时的工作情况的关键之一。

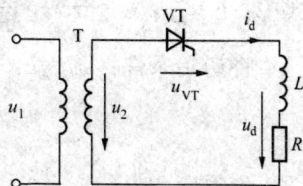

图 3-4 单相半波可控整流电路（阻感负载）

1. 电路

主电路结构与单相半波可控整流电路相比，仅负载发生变化。

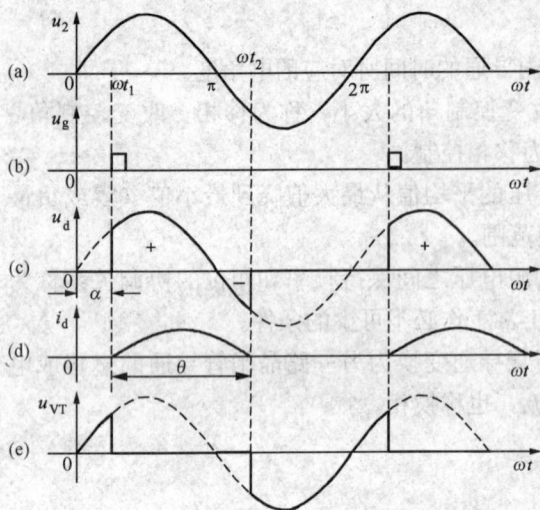

图 3-5　单相半波可控整流电路波形图

2. 工作原理

（1）当 $0 \leqslant \omega t < \omega t_1$ 时，晶闸管未被触发，输出电压、电流均为零。

（2）当 $\omega t_1 \leqslant \omega t < \pi$ 时，即在 $\omega t = \alpha$ 时刻给晶闸管施加触发脉冲，VT 导通，由于负载电感的存在 i_d 不能突变，从零逐渐增大，电源向负载提供能量，一部分供给电阻 R 消耗，另一部分供给电感 L 存储能量。

（3）当 $\omega t = \pi$ 时，u_2 过零变负，i_d 已经处于减小的过程中（因纯感性负载，在 $\omega t = \pi$ 时 i_d 才达最大值），但尚未降到零，因此 VT 仍处于通态。

（4）当 $\pi \leqslant \omega t < \omega t_2$ 时，u_2 为负，i_d 继续下降，只要感应电动势 e_L 大于电源负电压值，晶闸管均承受正向电压而维持导通，L 中储存的能量逐渐释放，一部分供给电阻 R 消耗，另一部分供给变压器二次绕组吸收。

（5）当 $\omega t = \alpha + \theta = \omega t_2$ 时，感应电动势 e_L 与电源电压相等，i_d 降为零，VT 关断并立即承受反压。

3. 定量计算

（1）输出电压的平均值：

$$U_d = \frac{1}{2\pi} \int_{\alpha}^{\alpha+\theta} \sqrt{2} U_2 \sin\omega t \, \mathrm{d}\omega t = 0.45 U_2 \frac{\cos\alpha - \cos(\alpha+\theta)}{2} \qquad (3-6)$$

（2）输出电流的平均值：

$$I_d = \frac{1}{2\pi} \int_{\alpha}^{\alpha+\theta} i_d \mathrm{d}\omega t$$

式中：i_d 为负载电流的瞬时值表达式。

负载电流 i_d 的详细计算推导见参考文献 [1]，即：

$$i_d = \frac{\sqrt{2} U_2}{Z} \sin(\omega t - \varphi) + A\mathrm{e}^{-\frac{t}{\tau}}$$

式中：$\tau = \dfrac{L}{R}$，$\varphi = \arctan\dfrac{\omega L}{R}$。

将初始条件：$\omega t = \alpha$，$i_d = 0$ 代入上式可得：

$$A = -\frac{\sqrt{2} U_2}{Z} \sin(\alpha - \varphi) \mathrm{e}^{\frac{\alpha}{\omega \tau}}$$

代入原式得：

$$i_d = -\frac{\sqrt{2} U_2}{Z} \sin(\alpha - \varphi) \mathrm{e}^{-\frac{R}{\omega L}(\omega t - \alpha)} + \frac{\sqrt{2} U_2}{Z} \sin(\omega t - \varphi) \qquad (3-7)$$

式中：$Z = \sqrt{R^2 + (\omega L)^2}$。

当 $\omega t = \alpha + \theta$ 时，$i_d = 0$，代入式（3-7）并整理得：

$$\sin(\alpha - \varphi) \mathrm{e}^{-\frac{\theta}{\tan\varphi}} = \sin(\alpha + \theta - \varphi)$$

此方程为超越方程。已知 α 和 φ 的大小可求出导通角 θ 的大小。现讨论下面几种特殊情况下导通角 θ 与控制角 α 的关系：

1）纯电阻负载：$\omega L=0$，$\varphi=0$，得：$\sin(\theta+\alpha)=0$，惟有 $\theta+\alpha=\pi$，即 $\theta=\pi-\alpha$。

2）纯电感负载：$R=0$，$\varphi=\dfrac{\pi}{2}$，得：$\cos(\theta+\alpha)=\cos\alpha$，惟有 $\theta+\alpha=2\pi-\alpha$，即 $\theta=2(\pi-\alpha)$。

3）导电角 $\theta=\pi$ 的条件：$\tan(\alpha-\varphi)=\dfrac{\sin\theta}{e^{-\frac{\theta}{\tan\varphi}}-\cos\theta}$，当 $\theta=\pi$ 时，则 $\tan(\alpha-\varphi)=0$，即 $\alpha=\varphi$。

这说明，当 α 角等于阻抗角 φ 时，晶闸管的导电角 θ 等于 π。很显然，当 $\alpha<\varphi$ 时，$\theta>\pi$；当 $\alpha>\varphi$ 时，$\theta<\pi$。导通角 θ 的大小，与 α 和 φ 有关。α 固定时，L 越大，则 VT 维持导通时间越长，在一个周期中负向电压所占的比例越大，输出电压的平均值越小。当输出波形的正负面积相等时，平均电压 $U_d\approx0$。解决这个问题的办法是在负载两端并接续流二极管。

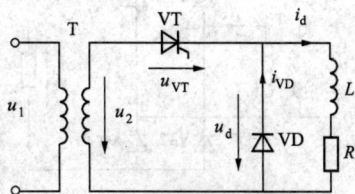

图 3-6 带续流二极管单相半波可控整流电路

（三）带续流二极管的工作情况

1. 电路

带续流二极管的单相半波可控整流电路如图 3-6 所示。

2. 工作原理

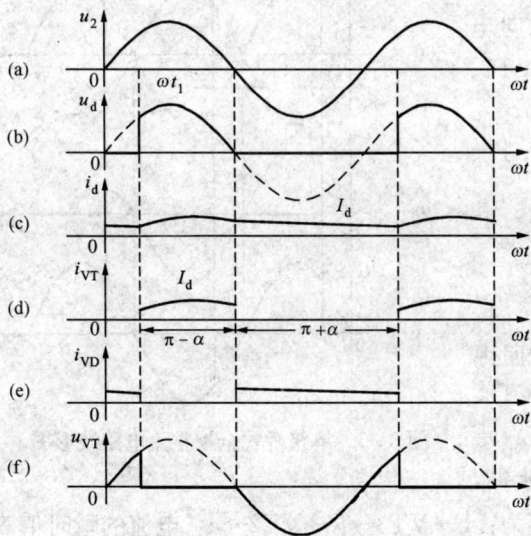

图 3-7 带续流二极管单相半波整流电路波形图

与没有续流二极管的情况相比，在 u_2 的正半周两者的工作情况是一样的。当 u_2 过零变负时，电感上的反向感应电动势和电源电压对二极管均为正向，则 VD 导通续流，此时为负的 u_2 通过 VD 向晶闸管施加反压而使之关断，负载电感释放能量维持电流。如忽略二极管的正向压降，则在续流期间 u_d 等于零，u_d 中不再出现负的部分，这与电阻负载时的情况基本相同。

3. 定量计算

若负载电感足够大，负载电流 i_d 波动很小，近似看作一条水平线，幅值为 I_d，则有：

（1）晶闸管的平均电流：

$$I_{dVT}=\frac{\pi-\alpha}{2\pi}I_d \qquad (3-8)$$

（2）续流二极管的平均电流：

$$I_{dVD}=\frac{\pi+\alpha}{2\pi}I_d \qquad (3-9)$$

（3）有效值：

$$I_{VT} = \sqrt{\frac{1}{2\pi} \int_\alpha^\pi I_d^2 \, d\omega t} = \sqrt{\frac{\pi - \alpha}{2\pi}} I_d \tag{3-10}$$

$$I_{VD} = \sqrt{\frac{1}{2\pi} \int_\pi^{2\pi+\alpha} I_d^2 \, d\omega t} = \sqrt{\frac{\pi + \alpha}{2\pi}} I_d \tag{3-11}$$

（4）晶闸管承受的最大正反向电压为 $\sqrt{2}U_2$，续流二极管 VD 承受的最大反向电压也是 $\sqrt{2}U_2$。

（5）移相范围与电阻负载相同：$0 \sim \pi$。

单相半波可控整流电路的特点是结构简单，但输出电压脉动大，变压器二次侧电流中含直流分量，造成变压器铁芯的直流磁化。为使变压器铁芯不饱和，需增大铁芯截面积，增大设备的容量。实际中很少应用此种电路。

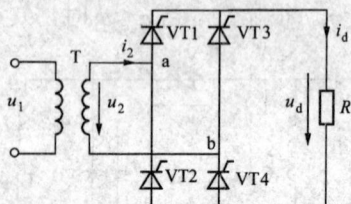

图 3-8　单相桥式全控
整流电路图（纯电阻负载）

二、单相桥式全控整流电路

（一）带纯电阻负载的工作情况

1. 电路

在单相桥式全控整流电路中，晶闸管 VT1 和 VT4 组成一对桥臂，VT2 和 VT3 组成另一对桥臂。VT1 和 VT3 组成共阴极组，加触发脉冲后，阳极电位高者导通。VT2 和 VT4 组成共阳极组，加触发脉冲后，阴极电位低者导通。触发脉冲每隔 180° 触发一次，分别触发 VT1、VT4 和 VT2、VT3。

2. 基本工作原理

u_2 正半周：$u_a > u_b$。VT2、VT3 承受反向电压，无论是否施加触发脉冲都不可能导通；VT1、VT4 承受正向电压，处于可能导通状态，在 $\omega t = \alpha$ 时刻，同时给 VT1、VT4 施加触发脉冲，VT1、VT4 导通，输出电压 $u_d = u_2$。电流通路为：a→VT1→R→VT4→b，电流的瞬时值表达式为：$i_d = \dfrac{u_d}{R} = \dfrac{u_2}{R}$。

u_2 负半周：$u_a < u_b$。VT1、VT4 承受反向电压，无论是否施加触发脉冲都不可能导通；VT2、VT3 承受正向电压，处于可能导通状态，在 $\omega t = \pi + \alpha$ 时刻，同时给 VT2、VT3 施加触发脉冲，

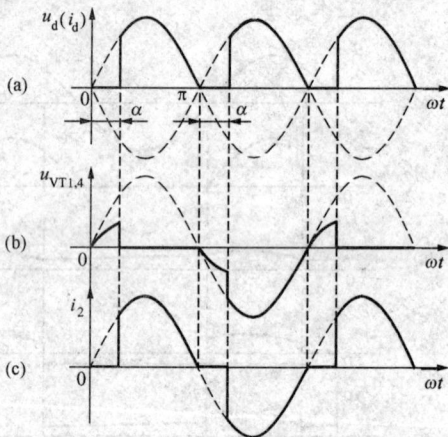

图 3-9　单相桥式全控整流电路波形图

VT2、VT3 导通，输出电压 $u_d = u_2$。电流通路为：b→VT3→R→VT2→a，电流的瞬时值表达式为：$i_d = \dfrac{u_d}{R} = \dfrac{u_2}{R}$。

无论 u_2 在正半周或负半周，流过负载电阻的电流方向是相同的，u_d、i_d 的波形相似。

（1）晶闸管的电压（u_{VT}）：①当四个晶闸管都不通时，设其漏电阻都相等，则 VT1 的压降为近 $\dfrac{u_2}{2}$；②当 VT1 导通时，压降为其通态电压，近似为零；③当另一对桥臂上的晶闸管导通时，u_2 反向加在 VT1 上，因此晶闸管承受的最大反向电压为 $\sqrt{2}U_2$。

（2）变压器二次绕组的电流：两个半波的电流方向相反且波形对称，所以不存在直流磁化的问题。

3. 定量计算

（1）负载电压：

1）平均值：$U_d = \dfrac{1}{\pi} \displaystyle\int_\alpha^\pi \sqrt{2}U_2\sin\omega t\,\mathrm{d}\omega t = \dfrac{2\sqrt{2}U_2}{\pi}\dfrac{1+\cos\alpha}{2}$

$$= 0.9U_2\dfrac{1+\cos\alpha}{2} \tag{3-12}$$

$\alpha = 0°$时，U_d最大，$U_d = 0.9U_2$；$\alpha = 180°$时，$U_d = 0$，因此控制角α的移相范围为：$0° \sim 180°$。

2）有效值：$U = \sqrt{\dfrac{1}{\pi}\displaystyle\int_\alpha^\pi (\sqrt{2}U_2\sin\omega t)^2\mathrm{d}\omega t} = U_2\sqrt{\dfrac{1}{2\pi}\sin 2\alpha + \dfrac{\pi-\alpha}{\pi}}$ （3-13）

（2）负载电流：

1）平均值：$I_d = \dfrac{U_d}{R} = 0.9\dfrac{U_2}{R}\dfrac{1+\cos\alpha}{2}$

2）有效值：$I = \dfrac{U_2}{R}\sqrt{\dfrac{1}{2\pi}\sin 2\alpha + \dfrac{\pi-\alpha}{\pi}} = I_2$ （3-14）

（3）流过每个晶闸管的电流：

1）平均值：$I_{dVT} = \dfrac{1}{2}I_d = 0.45\dfrac{U_2}{R}\dfrac{1+\cos\alpha}{2}$

2）有效值：$I_{VT} = \sqrt{\dfrac{1}{2\pi}\displaystyle\int_\alpha^\pi \left(\dfrac{\sqrt{2}U_2}{R}\sin\omega t\right)^2\mathrm{d}\omega t} = \dfrac{U_2}{\sqrt{2}R}\sqrt{\dfrac{1}{2\pi}\sin 2\alpha + \dfrac{\pi-\alpha}{\pi}}$

可见：$I_{VT} = \dfrac{1}{\sqrt{2}}I$

（4）功率因数：

电源提供视在功率为：$S = U_2 I_2$

负载消耗的有功功率为：$P = I^2R = UI$

所以：$\cos\varphi = \dfrac{UI}{U_2 I_2} = \sqrt{\dfrac{1}{2\pi}\sin 2\alpha + \dfrac{\pi-\alpha}{\pi}}$ （3-15）

（二）带阻感负载的工作情况

1. 电路

单相桥式全控整流电路如图3-10所示。

2. 工作原理

假设负载电感很大，负载电流i_d连续且波形近似为一水平线，并且电路已工作于稳态，i_d的平均值不变。

u_2过零变负时，由于电感的作用晶闸管 VT1 和 VT4 中仍流过电流i_d，并不关断，至$\omega t = \pi + \alpha$时刻，给 VT2、VT3 加触发脉冲，因 VT2、VT3 本已承受正向电压，故导通，VT2、VT3 导通后，u_2通过 VT2、VT3 分别向 VT1、VT4 施加反向电压使 VT1、VT4 关断，流过 VT1、VT4 的电流迅速转移到 VT2、VT3 上，

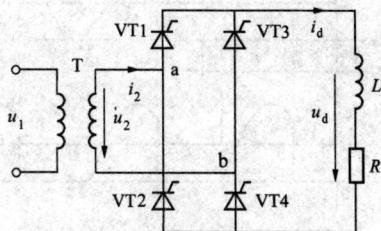

图3-10 单相桥式全控整流电路图（阻感负载）

此过程称换相或换流。

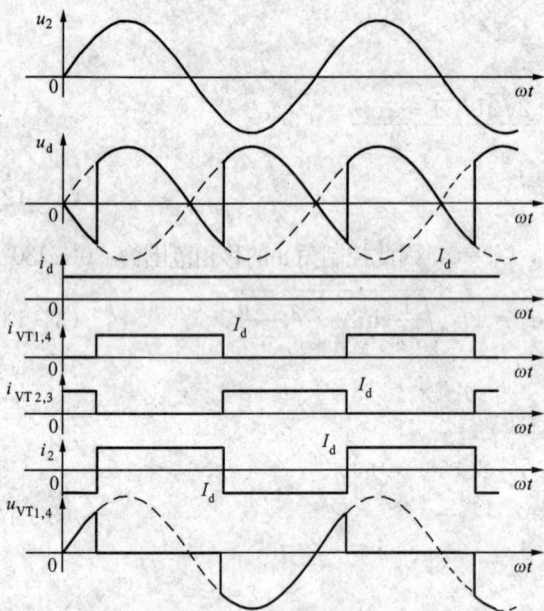

图 3 - 11　单相桥式全控整流电路波形图

2）最大反向电压：$\sqrt{2}U_2$。

（5）两组晶闸管轮流导通各导通 $180°$，与控制角 α 无关。

（三）带反电动势负载的工作情况

1. 电路

带反电动势单相桥式全控整流电路如图 3 - 12 所示。

2. 工作原理

（1）$|u_2|<E$ 时，晶闸管承受反向电压，即使有触发脉冲也不可能导通。

（2）$|u_2|>E$ 时，晶闸管承受正向电压，有导通的可能，导通之后，$u_d=u_2$，$i_d=\dfrac{u_d-E}{R}$。

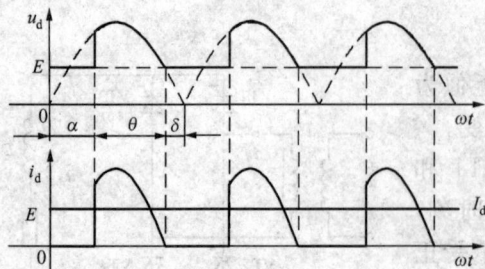

图 3 - 13　带反电动势单相
桥式全控整流电路输出波形图

3. 定量计算

（1）输出电压的平均值：

$$U_d=\frac{1}{\pi}\int_{\alpha}^{\pi+\alpha}\sqrt{2}U_2\sin\omega t\,\mathrm{d}\omega t$$

$$=0.9U_2\cos\alpha \qquad (3-16)$$

$\alpha=0°$ 时，$U_d=0.9U_2$；$\alpha=90°$ 时，$U_d=0$，因此控制角 α 的移相范围为：$0°\sim90°$。

（2）输出电流：因为负载电感很大，输出电流脉动很小，可以近似看作直流，而电感对于直流可以看作短路，所以 $I_d=U_d/R$。输出电流的有效值 $I=I_d=I_2$。

（3）流过晶闸管的电流：

1）平均值：$I_{dVT}=\dfrac{1}{2}I_d$ 　　　(3-17)

2）有效值：$I_{VT}=\dfrac{1}{\sqrt{2}}I_d$ 　　　(3-18)

（4）晶闸管承受的电压：

1）最大正向电压：$\sqrt{2}U_2$

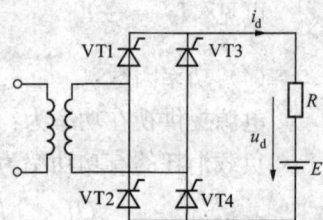

图 3 - 12　带反电动势单相
桥式全控整流电路图

（3）$|u_2|=E$ 时，i_d 即降至 0，使晶闸管关断，此后 $u_d=E$。显然反电动势负载比纯电阻负载提前了一个电角度停止导电，此电角度被称为停止导电角 δ，容易求得 $\delta=\sin^{-1}\dfrac{E}{\sqrt{2}U_2}$。

注意：控制角 α 和导电停止角 δ 的关系：① 如果触发脉冲采用窄脉冲，电路只有 $\alpha\geqslant\delta$ 时才能起动工作；② 如果触发脉冲采用宽脉冲，$\alpha\geqslant\delta$ 时电路能起动工作，$\alpha<\delta$ 时电路也能起动工作，但要求触发脉冲宽度大于 $\delta-\alpha$。

3. 输出电流

平均值：$I_d = \dfrac{1}{\pi}\displaystyle\int_{\alpha}^{\alpha+\theta} \dfrac{\sqrt{2}U_2\sin\omega t - E}{R} \mathrm{d}\omega t$ （3-19）

有效值：$I = \sqrt{\dfrac{1}{\pi}\displaystyle\int_{\alpha}^{\alpha+\theta}\left(\dfrac{\sqrt{2}U_2\sin\omega t - E}{R}\right)^2 \mathrm{d}\omega t}$，其中：$\alpha+\theta=\pi-\delta$。

这种电路的缺点是导电时间短，移相范围小。由于电流峰值比平均值大得多，其有效值很大，所以要求电源容量、晶闸管定额都增大。一般在主电路的直流输出侧串联一个平波电抗器，用来减小电流的脉动和延长晶闸管导通的时间。

如果负载是阻感反电动势，电感足够大，并且电路能够起动工作，那么整流电压 u_d 的波形和负载电流 i_d 的波形与阻感负载的波形相同，计算公式也都一样。

三、单相桥式半控整流电路

1. 电路

单相全控桥中，每个导电回路中有两个晶闸管，为了对每个导电回路进行控制，只需一个晶闸管就可以了，另一个晶闸管可以用二极管代替，从而简化整个电路。如此即成为单相桥式半控整流电路（不考虑 VD 时），如图 3-14 所示。

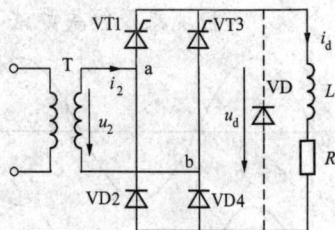

2. 工作原理

（1）电阻负载时：半控电路与全控电路的工作情况相

图 3-14 单相桥式半控整流电路图

同，需注意晶闸管和整流二极管承受的电压波形，如图 3-15 所示。

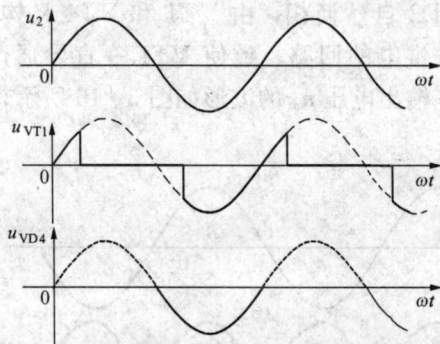

图 3-15 单相桥式半控整流电路整流器件承受电压波形

电源电压 u_2 为正半周时，VT1、VT4 构成的整流回路为正向电压；VT3、VT2 构成的整流回路为反向电压。在触发 VT1 之前，两条回路都处于断态，负载端电压 $u_d=0$，依据二极管的理想开关特性，VD4 端电压 $u_{VD4}=0$。分析可得其他三个开关元件的端电压为 $u_{VT1}=u_2$、$u_{VT3}=0$，$u_{VD2}=-u_2$。在 $\omega t=\alpha$ 时刻，触发 VT1，则 VT1 与 VD4 导通，构成对负载供电的回路，输出电压 $u_d=u_2$。四个开关元件端电压分别为 $u_{VT1}=0$，$u_{VT3}=-u_2$，$u_{VD2}=-u_2$，$u_{VD4}=0$。负载电流 $i_d=\dfrac{u_d}{R}$。$\omega t=\pi$ 时，i_d 下降为零，VT1 自然关断，电源电压进入负半周。

电源电压 u_2 进入负半周后，VT1、VD4 构成的整流回路为反向电压，VT3、VD2 构成的整流回路为正向电压。在触发 VT3 之前，两条回路都处于断态，负载端电压 $u_d=0$。依据二极管的理想开关特性，VD2 端电压 VD2=0。分析可得其他三个开关元件的端电压为 VT3=$-u_2$，VT1=0，VD4=u_2。在 $\omega t=\pi+\alpha$ 时刻，触发 VT3，VT3 与 VD2 导通，构成对负载供电的回路，输出电压 $u_d=-u_2$。四个开关元件端电压分别为 VT1=u_2，VT3=0，VD2=0，VD4=u_2。负载电流 $i_d=\dfrac{u_d}{R}$。$\omega t=2\pi$ 时，i_d 下降为零，VT3 自然关断，电源电压再次进入正半周。

（2）阻感负载时：假设负载中的电感很大，且电路已工作于稳态。

在 u_2 正半周，触发角 α 时刻给晶闸管 VT1 加触发脉冲，u_2 经 VT1 和 VD4 向负载供电。

u_2 过零变负时，因电感作用使电流连续，VT1 继续导通。但因 a 点电位低于 b 点电位，使得电流从 VD4 转移至 VD2，VD4 关断，电流不再流经变压器二次绕组，而是由 VT1 和 VD2 续流。

在 u_2 负半周，触发角 α 时刻触发 VT3，VT3 导通，则向 VT1 加反向电压使之关断，u_2 经 VT3 和 VD2 向负载供电。

u_2 过零变正时，因 b 点电位低于 a 点电位，使得电流从 VD2 转移至 VD4，VD2 关断，VD4 导通，VT3 和 VD4 续流，u_d 又为零。

3. 失控现象及解决办法

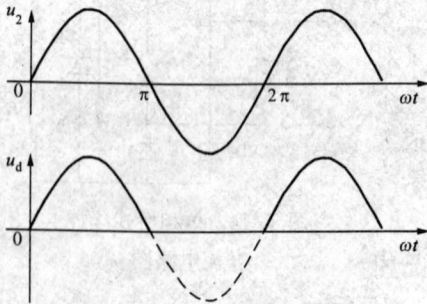

图 3-16 单相桥式半控整流
电路失控输出电压波形

在运行中，当控制角 α 突然增大至 180°或触发脉冲丢失时，桥式半控整流电路可发生原导通的一只晶闸管维持导通状态，两只整流二极管正、负半周交替导通的异常现象，称为失控。例如，在 VT1、VD4 为导通状态时，VT3 的控制角 α 突然增大至 180°或触发脉冲丢失时，则 VT3 不会再导通。但 u_2 进入负半周时，VD2、VD4 自然换相，由 VD1、VD2 构成自然续流回路。若 u_2 再次进入正半周时，i_d 仍然大于零，则 VD4、VD2 自然换相，由 VT1 和 VT4 又构成了电源对负载供电的回路，致使 VT1 一直导通，VD2、VD4 交替导通，产生失控现象。在失控状态下，输出电压 u_d 的波形如图 3-16 所示，相当于含续流二极管的单相半波不可控整流电路的波形。

为了避免失控的发生，电路必须消除自然续流现象。常用的办法是在负载两端反并联一个续流二极管 VD，如图 3-17 中虚线所示。电源电压过零时，负载电流经 VD 续流，导通的晶闸管关断并恢复阻断能力。应当指出，实现这一功能的条件是 VD 的通态电压低于自然续流回路开关元件通态电压之和，否则将不能消除自然续流现象并关断导通的晶闸管。

4. 定量计算

（1）输出电压的平均值：

$$U_d = 0.9 U_2 \frac{1 + \cos\alpha}{2}$$

$\alpha = 0°$ 时，$U_d = 0.9 U_2$；$\alpha = 180°$ 时，$U_d = 0$，所以控制角 α 的移相范围为：$0° \sim 180°$。

（2）输出电流的平均值：$I_d = \dfrac{U_d}{R}$

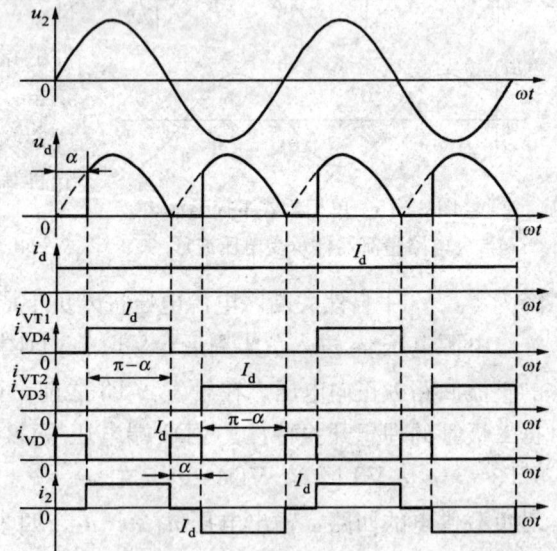

图 3-17 带续流二极管单相桥式
半控整流电路波形图

（3）开关器件电流的平均值和有效值：

$$I_{dVT} = \frac{\pi - \alpha}{2\pi} I_d \qquad\qquad (3-20)$$

$$I_{VT} = \sqrt{\frac{\pi - \alpha}{2\pi}} I_d \qquad\qquad (3-21)$$

$$I_{dVD} = \frac{\alpha}{\pi} I_d \qquad\qquad (3-22)$$

$$I_{VD} = \sqrt{\frac{\alpha}{\pi}} I_d \qquad\qquad (3-23)$$

（4）流过变压器二次侧电流的有效值：

$$I_2 = \sqrt{\frac{\pi - \alpha}{\pi}} I_d \qquad\qquad (3-24)$$

因为 $I_{d2} = 0$，所以变压器不存在直流磁化的问题。

四、单相全波可控整流电路

1. 电路

单相全波与单相全控桥从直流输出端或从交流输入端看是基本一致的。单相全波可控整流电路如图 3-18 所示。

2. 两者的区别

（1）从输入端看：单相全波中变压器结构较复杂，绕组及铁芯对铜、铁等材料的消耗多。

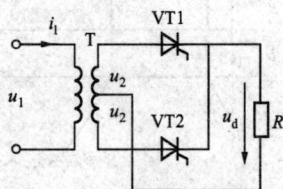

图 3-18　单相全波可控整流电路图

（2）从主电路看：单相全波只用两个晶闸管，比单相全控桥少两个，但是晶闸管承受的最大反向电压为 $2\sqrt{2}U_2$，是单相全控桥的两倍。

（3）从驱动电路看：门极驱动电路只需要两个，比单相全控桥也少两个。

（4）从输出端看：单相全波导电回路只含一个晶闸管，比单相全控桥少一个，因而管压降也少一个。

从上述（2）、（4）考虑，单相全波电路有利于在低输出电压的场合应用。

第三节　三相可控整流电路

一、共阴极三相半波可控整流电路

（一）带电阻负载时的工作情况

1. 电路

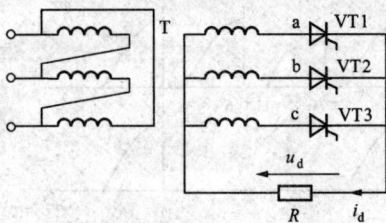

图 3-19　三相半波可控整流电路

三相半波可控整流电路如图 3-19 所示。为得到零线，变压器二次侧必须接成星形，而一次侧为避免三次谐波流入电源接成三角形。三个晶闸管分别接入 a、b、c 三相电源，它们的阴极连接在一起，称为共阴极接法，这种接法的触发电路有公共端，连线方便。

2. 工作原理

（1）$\alpha = 0°$ 时的工作原理分析（波形图 $\alpha = 0°$）：

假设将电路中的晶闸管换作二极管，并用 VD 表示，该电路就成为三相半波不可控整流电路，下面分析其工作情况。此时，三个二极管对应的相电压中哪一个的值最大，则该相所对应的二极管导通，并使另两相的二极管承受反向电压关断，输出的整流电压即为该相的相电压，波形如图 3-20 所示。

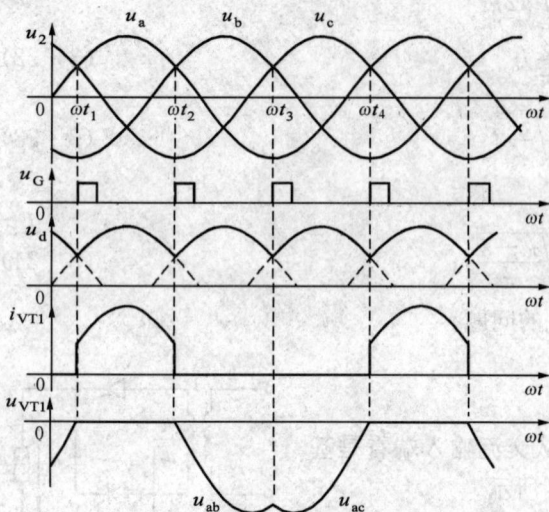

一周期内，在 $\omega t_1 \sim \omega t_2$ 期间，VD1 导通，$u_d = u_a$；在 $\omega t_2 \sim \omega t_3$ 期间，VD2 导通，$u_d = u_b$；在 $\omega t_3 \sim \omega t_4$ 期间，VD3 导通，$u_d = u_c$。依此顺序，一周期中 VD1、VD2、VD3 轮流导通，各导通 120°。u_d 波形为三个相电压在正半周期的包络线。

在相电压的交点 ωt_1、ωt_2、ωt_3 处，均出现了二极管换相，即电流由一个二极管向另一个二极管转移，则称这些交点为自然换相点。对三相半波可控整流电路而言，自然换相点是各相晶闸管能触发导通的最早时刻，将其作为计算各晶闸管触发角 α 的起点，即 $\alpha = 0°$，要改变触发角只能是在此基础上增大，即沿时间坐标轴向右

图 3-20 三相半波可控整流电路 $\alpha = 0°$ 的波形

移。若在自然换相点处触发相应的晶闸管导通，则电路的工作情况与以上分析的二极管整流电路的工作情况一样。回顾单相可控整流电路可知，各种单相可控整流电路的自然换相点是变压器二次侧电压 u_2 的过零点。

增大 α 值，将脉冲后移，整流电路的工作情况会相应地发生变化。

图 3-21 是 $\alpha = 30°$ 时的波形。从输出电压、电流的波形可看出，这时负载电流处于连续和不连续的临界状态，各相仍导电 120°。

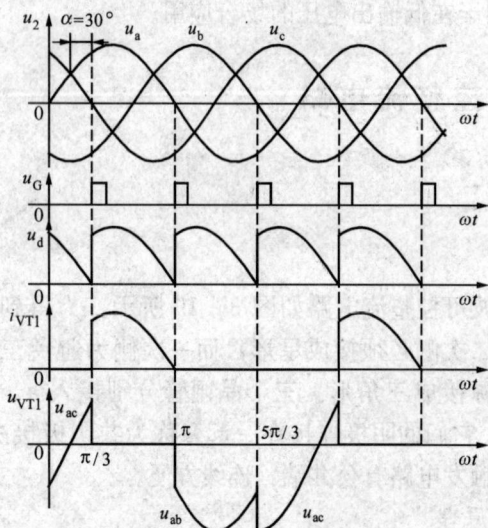

图 3-21 $\alpha = 30°$ 的波形

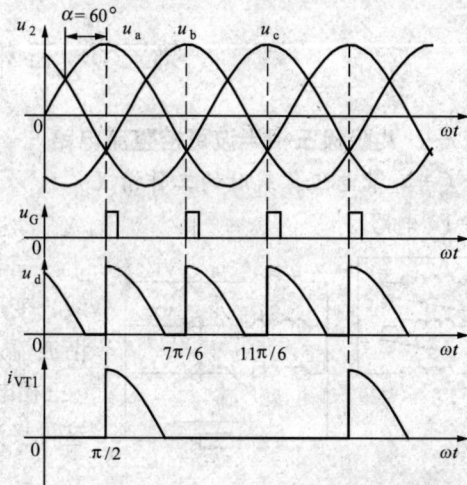

图 3-22 $\alpha = 60°$ 的波形

如果 $\alpha > 30°$，例如 $\alpha = 60°$ 时，整流电压的波形如图 3-22 所示，当导通一相的相电压过零变负时，该相晶闸管关断。此时下一相晶闸管虽承受正向电压，但它的触发脉冲还未到，不会导通，因此输出电压、电流均为零，直到触发脉冲出现为止。这种情况下，负载电流断续，各晶闸管导通角为 $90°$，小于 $120°$。

若控制角 α 继续增大，整流电压将越来越小，$\alpha = 150°$ 时，整流输出电压为零。故整流电路带电阻负载时，α 角的移相范围为：$0° \sim 150°$。

（2）晶闸管电压：

晶闸管的电压波形，由 3 段组成：

第 1 段，VT1 导通期间，为一管压降，可近似为 $u_{VT1} = 0$；

第 2 段，在 VT1 关断后，VT2 导通期间，$u_{VT1} = u_a - u_b = u_{ab}$，为一段线电压；

第 3 段，在 VT3 导通期间，$u_{VT1} = u_a - u_c = u_{ac}$，为另一段线电压。

由图可见，$\alpha = 0°$ 时，晶闸管承受的两段线电压均为负值，随着 α 增大，晶闸管承受的电压中正向电压的部分逐渐增多。其他两管上的电压波形形状相同，相位依次差 $120°$。

（3）变压器二次绕组的电流：

变压器二次侧 a 相绕组和晶闸管 VT1 的电流波形相同，变压器二次绕组中的电流有直流分量。

3. 定量计算

（1）输出电压：

1）$0° \leqslant \alpha \leqslant 30°$ 时，负载电流连续，有：

$$U_d = \frac{1}{\frac{2\pi}{3}} \int_{\frac{\pi}{6}+\alpha}^{\frac{5\pi}{6}+\alpha} \sqrt{2} U_2 \sin\omega t \, d\omega t = \frac{3\sqrt{6}}{2\pi} U_2 \cos\alpha = 1.17 U_2 \cos\alpha \qquad (3-25)$$

当 $\alpha = 0°$ 时，U_d 最大，为 $U_d = U_{d0} = 1.17 U_2$；每个晶闸管导通的电角度始终是 $120°$。

2）$30° \leqslant \alpha \leqslant 150°$ 时，负载电流断续，晶闸管导通角减小，此时有：

$$U_d = \frac{1}{\frac{2\pi}{3}} \int_{\frac{\pi}{6}+\alpha}^{\pi} \sqrt{2} U_2 \sin\omega t \, d\omega t = \frac{3\sqrt{2}}{2\pi} U_2 \left[1 + \cos\left(\frac{\pi}{6} + \alpha\right) \right]$$

$$= 0.675 \left[1 + \cos\left(\frac{\pi}{6} + \alpha\right) \right] \qquad (3-26)$$

当 $\alpha = 150°$ 时，U_d 最小，为 $U_d = 0$，因此，整流电路带电阻负载时，α 的移相范围为：$0° \sim 150°$。每个晶闸管导通的电角度为 $150° - \alpha$。

（2）输出电流平均值：$I_d = \dfrac{U_d}{R}$

（3）晶闸管承受的电压：

1）晶闸管承受的最大反向电压：由波形图不难看出晶闸管承受的最大反向电压为变压器二次侧线电压峰值，即：$U_{RM} = \sqrt{2} \times \sqrt{3} U_2 = \sqrt{6} U_2 = 2.45 U_2$。

2）由于晶闸管阴极与零线间的电压即为整流输出电压 u_d，其最小值为零，而晶闸管阳极与零线间的最高电压等于变压器二次侧相电压的峰值，因此晶闸管阳极与阴极间的最大正向电压等于变压器二次侧相电压的峰值，即：$U_{FM} = \sqrt{2} U_2$。

（二）带阻感负载时的工作情况

带阻感负载时，负载电流 i_d 的表示式比较复杂，在电路设计中常以 $\omega L \gg R$ 作为分析计算的条件，在该条件下，负载电流 i_d 的变化量相对于 I_d 很小，可以近似看作常数。

1. 电路

带阻感负载的三相单波可控整流电路如图 3 - 23 所示。

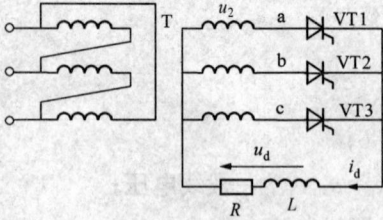

图 3 - 23　三相半波可控整流电路

2. 工作原理

（1）$0° \leqslant \alpha \leqslant 30°$ 时，整流电压波形与电路带电阻负载时相同。

（2）$\alpha > 30°$ 时（如 $\alpha = 60°$ 时的波形如图 3 - 24 所示），u_{2a} 过零时，由于电感的存在，i_d 不为零，VT1 不关断，直到 VT2 的脉冲到来时才换流，由 VT2 导通向负载供电，同时向 VT1 施加反向电压使其关断，输出电压波形中出现负的部分，若控制角 α 增大，u_d 中负的部分将增多，至 $\alpha = 90°$ 时，u_d 波形中正、负面积相等，u_d 的平均值为零。可见整流电路带阻感负载时，α 的移相范围为：$0° \sim 90°$。

3. 定量计算

（1）输出电压：

$$U_d = \frac{3}{2\pi} \int_{\frac{\pi}{6}+\alpha}^{\frac{5\pi}{6}+\alpha} \sqrt{2} U_2 \sin\omega t \, d\omega t = 1.17 U_2 \cos\alpha \tag{3-27}$$

（2）输出电流：

$$I_d = U_d / R$$

图 3 - 24 中所给 i_d 波形有一定的脉动，与分析单相整流电路带阻感负载时图 3 - 11 所示的 i_d 波形有所不同。因为负载中的电感量不可能也不必非常大，往往只要能保证负载电流连续即可，这样 i_d 实际上是有脉动的，不是完全平直的水平线。通常，为简化分析及定量计算，可以将 i_d 的波形近似为一条水平线，这样的近似对分析和计算的准确性并不产生很大的影响。

（3）晶闸管的电流：

平均值：
$$I_{dVT} = \frac{1}{2\pi} \int_{\frac{\pi}{6}+\alpha}^{\frac{5\pi}{6}+\alpha} I_d \, d\omega t = \frac{I_d}{2\pi}\left(\frac{5\pi}{6}+\alpha-\frac{\pi}{6}-\alpha\right) = \frac{1}{3} I_d \tag{3-28}$$

有效值：
$$I_{VT} \sqrt{\frac{1}{2\pi} \int_{\frac{\pi}{6}+\alpha}^{\frac{5\pi}{6}+\alpha} I_d^2 \, d\omega t} = \frac{I_d}{\sqrt{3}} = I_2 \tag{3-29}$$

（4）晶闸管最大正反向电压峰值均为变压器二次侧电压峰值：

$$U_{FM} = U_{RM} = 2.45 U_2$$

（5）变压器的容量：

变压器二次绕组电流中含有直流分量，该分量不能感应到一次绕组，能起感应作用的是二次绕组电流中的各次谐波电流。为讨论方便，设一次、二次绕组的匝数比为 $\frac{N_1}{N_2}=1$。根据变压器原理，变压器一次绕组电流应等于其二次绕组电流的交流分量。因三相电流对称，现以 a 相为例分析讨论。a 相二次绕组电流 i_{2a} 可表示为：

$$i_{2a} = I_{d2} + i_{2a\alpha}$$

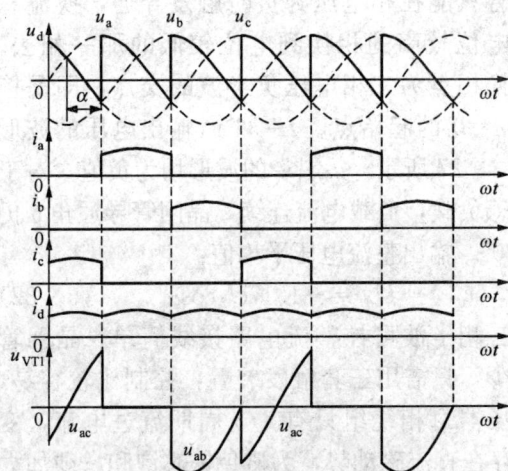

图 3-24 三相半波可控整流电路

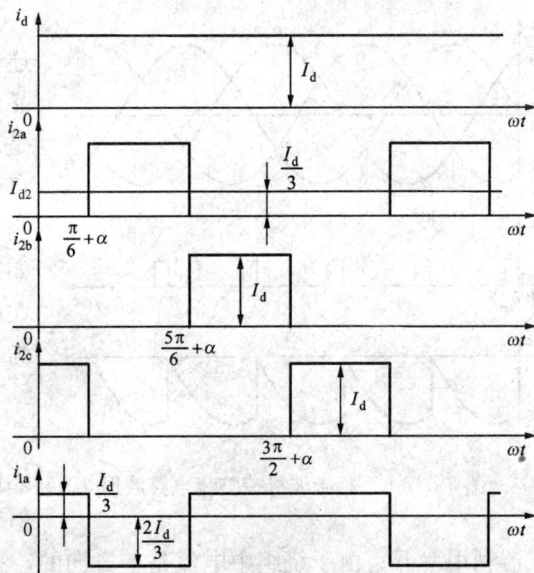

图 3-25 三相半波可控整流电路变压器波形

式中：i_{d2} 为变压器二次侧电流的直流分量；$i_{2a\alpha}$ 为变压器 a 相二次绕组电流的交流分量。

变压器 a 相一次绕组电流 i_{1a} 可表示为：

$$i_{1a} = -i_{2a\alpha} = -(i_{2a} - I_{d2})$$

$$= \frac{1}{3}I_d - i_{2a} = \begin{cases} -\dfrac{2}{3}I_d & \dfrac{\pi}{6} + \alpha \leqslant \omega t \leqslant \dfrac{5\pi}{6} + \alpha \\ \dfrac{1}{3}I_d & \dfrac{5\pi}{6} + \alpha < \omega t \leqslant 2\pi + \dfrac{\pi}{6} + \alpha \end{cases}$$

变压器一次绕组电流有效值为：

$$I_1 = \sqrt{\frac{1}{2\pi}\left[\int_{\frac{\pi}{6}+\alpha}^{\frac{5\pi}{6}+\alpha}\left(-\frac{2}{3}I_d\right)^2 \mathrm{d}\omega t + \int_{\frac{5\pi}{6}+\alpha}^{\frac{13\pi}{6}+\alpha}\left(\frac{1}{3}I_d\right)^2 \mathrm{d}\omega t\right]} = \frac{\sqrt{2}}{3}I_d$$

设一次、二次绕组匝数比 $\dfrac{N_1}{N_2} = k$，则 $I_1 = \dfrac{1}{k}\dfrac{\sqrt{2}}{3}I_d$ (3-30)

则变压器一次和二次绕组的容量分别为：

$$S_2 = 3U_2I_2, \quad S_1 = 3U_1I_1$$

所以变压器的容量为： $$S = \frac{S_1 + S_2}{2}$$ (3-31)

因为 $I_{da} = I_{db} = I_{dc} = I_{dVT} \neq 0$，所以变压器存在直流磁化的问题。

二、共阳极三相半波可控整流电路

共阳极电路，即将三个晶闸管的阳极连在一起，其阴极分别接变压器三相绕组，变压器的零线作为输出电压的正端，晶闸管共阳极端作为输出电压的负端，如图 3-26 所示。这种共阳极电路接法，对于螺栓型晶闸管的阳极可以共用散热器，使装置结构简化，但三个触发器的输出必须彼此绝缘。

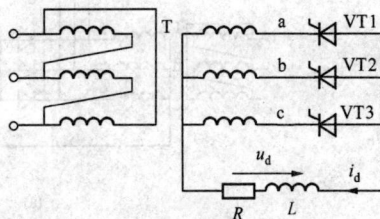

图 3-26 三相半波可控整流电路

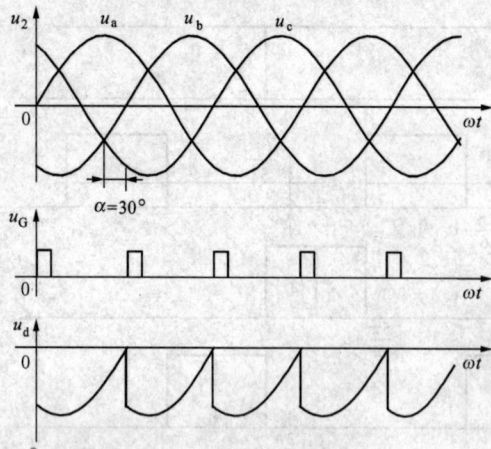

图 3-27　三相半波可控整流电路波形

由于三个晶闸管的阴极分别与三相电源相连，阳极经过负载与三相绕组中线连接，故各晶闸管只能在相电压为负时触发导通，换流总是从电位较高的相换到电位较低的那一相去。自然换相点为三相电压负半波的交点，即是控制角 $\alpha = 0°$ 的起始点。$\alpha = 30°$ 时输出电压的波形如图 3-27 所示，u_d、i_d 的波形均为负值，对于大电感负载，负载电流连续，晶闸管导通角 θ 仍为 120°。输出整流电压平均值：

$$U_d = -1.17 U_2 \cos\alpha \qquad (3-32)$$

三相半波可控整流电路接线简单，晶闸管元件少，只需用三套触发装置，控制比较容易，但变压器每相绕组只有 1/3 周期流过电流，变压器利用率低；由于绕组中电流是单方向的，故存在直流磁动势，为避免铁芯饱和，须加大变压器铁芯的截面积。这种电路一般用于中小容量的设备上。

三、三相桥式全控整流电路

三相桥式全控整流电路与三相半波电路相比，输出整流电压提高一倍，输出电压的脉动较小，变压器利用率高且无直流磁化问题。由于在整流装置中，三相桥电路晶闸管的最大失控时间只为三相半波电路的一半，故控制快速性较好，因而在大容量负载供电、电力拖动控制系统等方面获得了广泛的应用。

根据三相半波可控整流电路的原理可知，共阴极电路工作时，变压器每相绕组中流过正向电流，共阳极电路工作时，每相绕组流过反向电流。为了提高变压器利用率，将共阴极电路和共阳极电路的输出端串联，并接到变压器二次侧绕组上，如图 3-28（a）所示。如果两组电路负载对称，控制角相同，则它们的输出电流平均值 I_{d1} 与 I_{d2} 相等，零线中流过电流，若去掉零线，不影响电路工作并使之成为三相桥式全控整流电路，如图 3-28（b）所示。在三相桥式电路中的变压器绕组中，一个周期里既流过正向电流，又流过反向电流，提高了变压器的利用率，且直流磁动势相互抵消，避免了直流磁化。

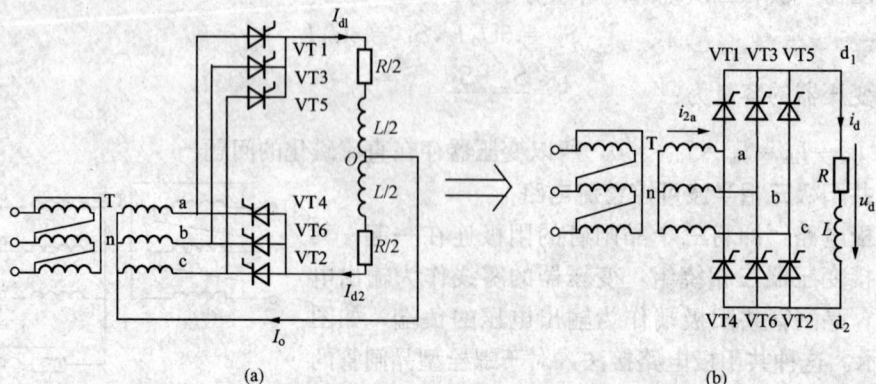

图 3-28　三相桥式全控整流电路

由于三相桥式整流电路是两组三相半波整流电路的串联，因此输出电压是三相半波的两倍。当输出电流连续时：

$$U_d = 2 \times 1.17 U_2 \cos\alpha = 2.34 U_2 \cos\alpha \tag{3-33}$$

由于变压器规格并未改变，整流电压却比三相半波时大一倍，因此输出功率也大一倍。变压器利用率提高了，而晶闸管的电流定额不变。在输出整流电压相同的情况下，三相桥式晶闸管的电压定额可以比三相半波电路的晶闸管低一半。

（一）带电阻负载时的工作情况

1. 工作原理和波形分析

（1）$\alpha = 0°$时，可以采用与分析三相半波可控整流电路时类似的方法，假设将电路中的晶闸管换作二极管，这种情况也就相当于晶闸管触发角 $\alpha = 0°$时的情况。此时，对于共阴极组的三个晶闸管，阳极所接交流电压值最高的一个导通；而对于共阳极组的三个晶闸管，则是阴极所接交流电压值最低（或者说负得最多）的一个导通。这样，任意时刻共阳极组和共阴极组中各有一个晶闸管处于导通状态，施加于负载上的电压为某一线电压。此时电路的工作波形如图 3-29 所示。

$\alpha = 0°$时，各晶闸管均在自然换相点处换相。由图 3-29 中变压器二次绕组相电压与线电压波形的对应关系看出，各自然换相点既是相电压的交点，同时也是线电压的交点。在分析 u_d 的波形时，既可从相电压波形分析，也可以从线电压波形分析。

从相电压波形看，以变压器二次侧的中点 n 为参考点，共阴极组晶闸管导通时，整流输出电压 u_{d1} 为相电压在正半周的包络线；共阳极组导通时，整流输出电压 u_{d2} 为相电压在负半周的包络线，总的整流输出电压 $u_d = u_{d1} - u_{d2}$ 是两条包络线间的差值，将其对应到线电压波形上，即为线电压在正半周的包络线。

直接从线电压波形看，由于共阴极组中处于通态的晶闸管对应的是最大（正得最多）的相电压，而共阳极组中处于通态的晶闸管对应的是最小（负得最多）的相电压，输出整流电压 u_d 为这两个相电压相减，是线电压中最大的一个，因此输出整流电压 u_d 的波形为线电压在正半周期的包络线。

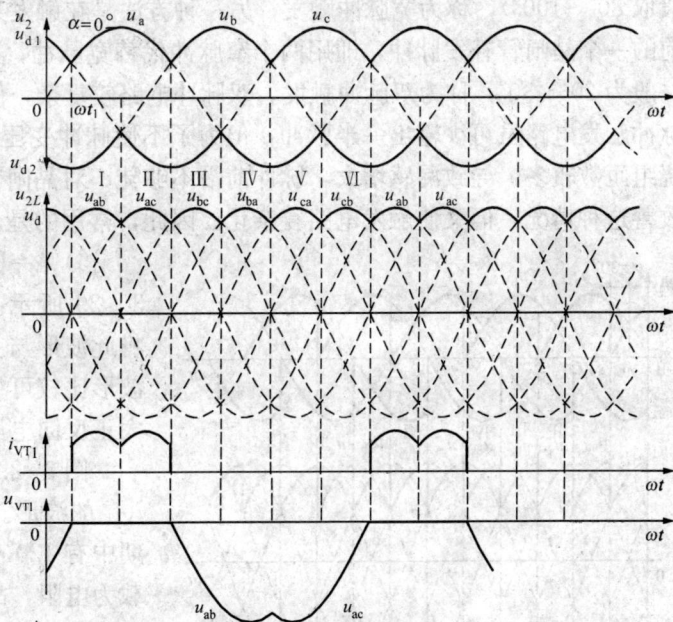

图 3-29 三相桥式全控整流电路波形（$\alpha = 0°$）

为了说明各晶闸管的工作情况，将波形中的一个周期等分为 6 段，每段为 60°，如图 3-29 所示，每一段中导通的晶闸管及输出整流电压的情况见表 3-1，六个晶闸管的导通顺序为 VT1-VT2-VT3-VT4-VT5-VT6。

表 3 - 1　　　　　　三相桥式全控整流电路电阻负载 $\alpha=0°$ 时晶闸管工作情况

时段	I	II	III	IV	V	VI
共阴极	VT1	VT1	VT3	VT3	VT5	VT5
共阴极	VT6	VT2	VT2	VT4	VT4	VT6
u_d	$u_a-u_b=u_{ab}$	$u_a-u_c=u_{ac}$	$u_b-u_c=u_{bc}$	$u_b-u_a=u_{ba}$	$u_c-u_a=u_{aa}$	$u_c-u_b=u_{cb}$

从触发角 $\alpha=0°$ 时的情况可以总结出三相桥式全控整流电路的特点如下：

1）每个时刻均需两个晶闸管同时导通，形成向负载供电的回路，其中一个晶闸管是共阴极组的，一个是共阳极组的，且不能为同一相的晶闸管。

2）对触发脉冲的要求：六个晶闸管的脉冲按 VT1-VT2-VT3-VT4-VT5-VT6 的顺序触发，相位依次差 $60°$；共阴极组 VT1、VT3、VT5 的脉冲依次差 $120°$，共阳极组 VT4、VT6、VT2 也依次差 $120°$；同一相的上下两个桥臂，即 VT1 与 VT4，VT3 与 VT6，VT5 与 VT2，脉冲相差 $180°$。

3）整流输出电压 u_d 一周期脉动 6 次，每次脉动的波形都一样，故该电路为六脉波整流电路。

4）在整流电路合闸起动过程中或电流不连续时，为确保电路的正常工作，需保证同时导通的两个晶闸管均有触发脉冲。为此，可采用两种方法：一种是使脉冲宽度大于 $60°$（一般取 $80°\sim100°$），称为宽脉冲触发；另一种方法是在触发某个晶闸管的同时，给序号在其之前的一个晶闸管补发脉冲，即用两个窄脉冲代替宽脉冲，两个窄脉冲的前沿相差 $60°$，脉宽一般为 $20°\sim30°$，称为双脉冲触发。双脉冲电路较复杂，但要求的触发电路输出功率小；宽脉冲触发电路虽可少输出一半脉冲，但为了不使脉冲变压器饱和，需将铁芯体积做得较大，绕组匝数较多，导致漏感增大，脉冲前沿不够陡，对晶闸管串联使用不利。虽可用去磁绕组改善这种情况，但又使触发电路复杂化。因此，常用的是双脉冲触发。

5）$\alpha=0°$ 时晶闸管承受的电压波形如图 3 - 29 所示。图中仅给出 VT1 的电压波形。将此波形与三相半波时图 3 - 20 中的 VT1 电压波形比较可见，两者是相同的，晶闸管承受最大正反向电压的关系也一样。

图 3 - 29 中还给出了流过晶闸管 VT1 电流 i_{VT1} 的波形。由此波形可以看出，晶闸管一周期中有 $120°$ 处于通态，$240°$ 处于断态，由于负载为电阻，故晶闸管处于通态时的电流波形与相应时段的 u_d 波形相同。

（2）$\alpha\neq0°$ 时，当触发角 α 改变时，电路的工作情况也将发生变化。图 3 - 30 给出了 $\alpha=30°$ 时的电路波形。从 ωt_1 时刻开始把一个周期等分为 6 段，每段为 $60°$。与 $\alpha=0°$ 时的情况相比，一周期中 u_d 波形仍由 6 段线电压构成，每一段导通晶闸管的编号等仍符合表 3 - 1

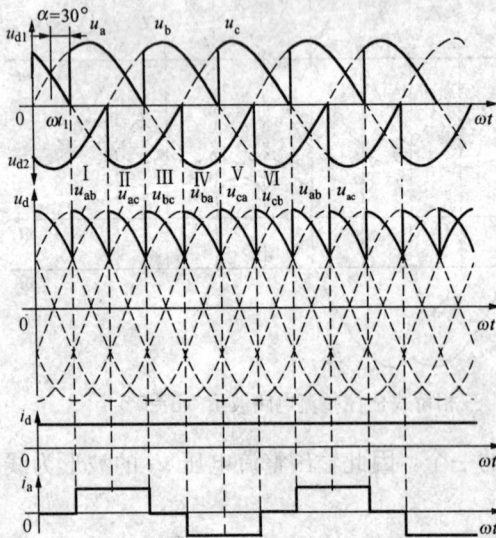

图 3 - 30　三相桥式全控整流电路带阻感
负载 $\alpha=30°$ 时的波形

的规律。区别在于，晶闸管的起始导通时刻推迟了30°，组成 u_d 的每一段线电压因此推迟30°，u_d 平均值降低。晶闸管电压波形也相应发生如图 3-30 所示的变化。图中同时给出了变压器二次侧 a 相电流 i_a 的波形，该波形的特点是，在 VT1 处于通态的 120° 期间，i_a 为正，i_a 波形的形状与同时段的 u_d 波形相同，在 VT4 处于通态的 120° 期间，i_a 波形的形状也与同时段的 u_d 波形相同，但为负值。

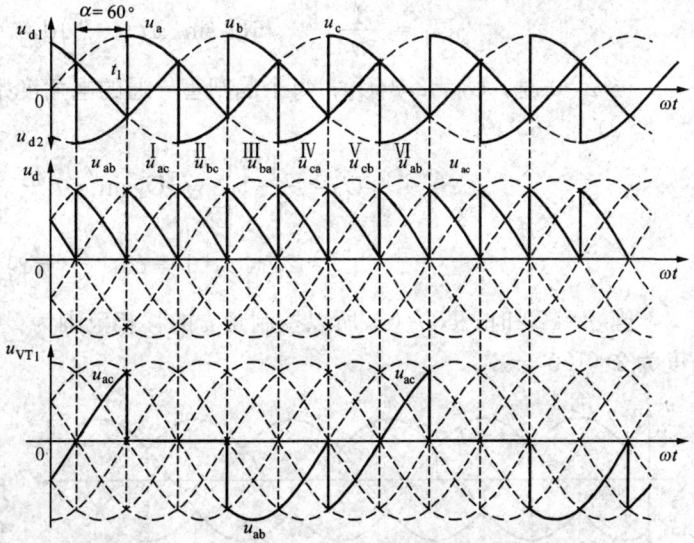

图 3-31　三相桥式全控整流电路波形（$\alpha = 60°$）

图 3-31 给出了 $\alpha = 60°$ 时的电路波形，电路工作情况仍可对照表 3-1 分析。u_d 波形中每段线电压的波形继续向后移，平均值继续降低，$\alpha = 60°$ 时 u_d 出现了为零的点。

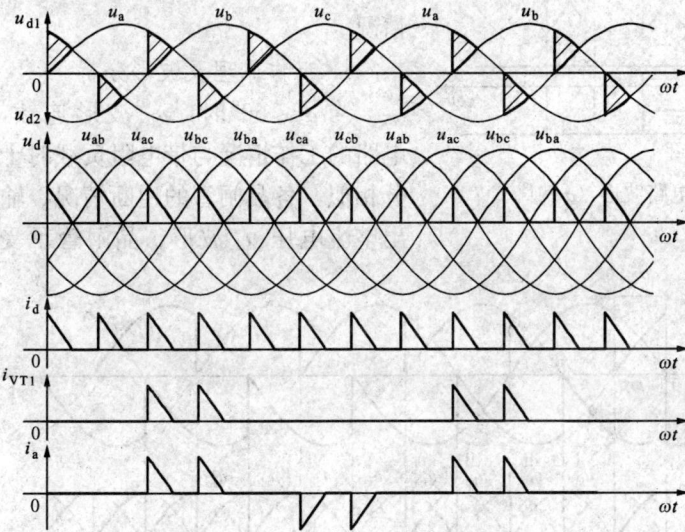

图 3-32　三相桥式全控整流电路波形（$\alpha = 90°$）

由以上分析可见，当 $\alpha \leqslant 60°$ 时，波形均连续；对于电阻负载，i_d 波形与 u_d 波形的形状是一样的，也连续。

当 $\alpha > 60°$ 时，如 $\alpha = 90°$ 时电阻负载情况下的工作波形如图 3-32 所示，此时 u_d 波形每 60° 中有 30° 为零，这是因为电阻负载情况下 i_d 波形与 u_d 波形一致，一旦 u_d 降至零，i_d 也降至零，流过晶闸管的电流即降至零，则晶闸管关断，输出整流电压 u_d 为零，因此 u_d 波形不能出现负值。图 3-32 中还给出了晶闸管电流和变压器二次电流的波形。

如果继续增大 α 至 120°，整流输出电压 u_d 波形将全为零，其平均值也为零，可见带电阻负载时三相桥式全控整流电路 α 角的移相范围为：0°～120°。

2. 定量计算

由于 $\alpha = 60°$ 是输出电压 U_d 波形连续和不连续的分界点，所以输出电压平均值应分两种情况计算：

（1）$\alpha \leqslant 60°$：

$$U_{\mathrm{d}} = \frac{1}{\pi/3}\int_{\frac{\pi}{6}+\alpha}^{\frac{\pi}{2}+\alpha} \sqrt{6}U_2\sin\left(\omega t+\frac{\pi}{6}\right)\mathrm{d}\omega t = 2.34U_2\cos\alpha \qquad (3\text{-}34)$$

当 $\alpha=0°$ 时，$U_{\mathrm{d}}=2.34U_2$；每个晶闸管导通的电角度始终是 120°。

（2）$\alpha>60°$：

$$U_{\mathrm{d}} = \frac{1}{\pi/3}\int_{\frac{\pi}{6}+\alpha}^{\frac{5\pi}{6}} \sqrt{6}U_2\sin\left(\omega t+\frac{\pi}{6}\right)\mathrm{d}\omega t$$

$$= 2.34U_2\left[1+\cos\left(\frac{\pi}{3}+\alpha\right)\right] \qquad (3\text{-}35)$$

当 $\alpha=120°$ 时，$U_{\mathrm{d}}=0$，所以控制角 α 的移相范围为：0°～120°。每个晶闸管导通的电角度为 2（120°－α）。

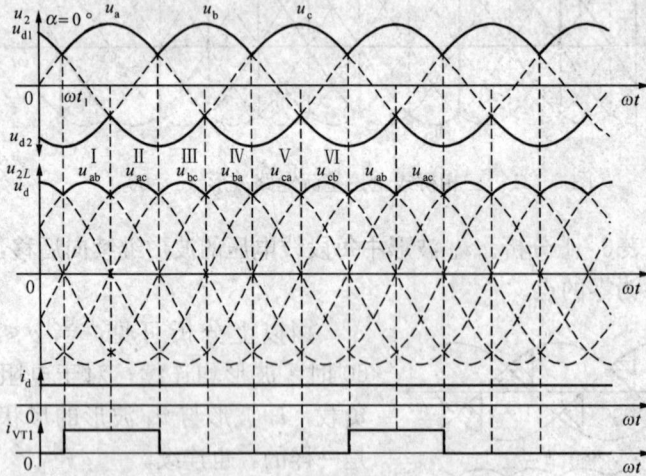

图 3-33　三相桥式全控整流电路波形（$\alpha=0°$）

（二）阻感负载时的工作情况

三相桥式全控整流电路大多用于向阻感负载和反电动势阻感负载供电（即用于直流电机传动），下面主要分析阻感负载时的情况。对于带反电动势阻感负载的情况，只需在阻感负载的基础上掌握其特点，即可把握其工作情况。

1. 工作原理及波形分析

当 $\alpha\leqslant60°$ 时，u_{d} 波形连续，电路的工作情况与带电阻负载时十分相似，各晶闸管的通断情况、输出整流电压 u_{d} 波形、晶闸管承受的电压波形等都一样。区别在于负载不同时，同样的整流输出电压加到负载上，得到的负载电流 i_{d} 波形不同：电阻负载情况下，i_{d} 波形与 u_{d} 的波形形状一样；而阻感负载情况下，由于电感的作用，使得负载电流波形变得平直，当电感足够大的时候，负载电流的波形可近似为一条水平线。图 3-33 和图 3-34 分别给出了三相桥式全控整流电路带阻感负载 $\alpha=0°$ 和 $\alpha=30°$ 时的波形。

图 3-33 中除给出 u_{d} 波形和 i_{d} 波形外，还给出了晶闸管电流 i_{VT1} 的波形，可与图

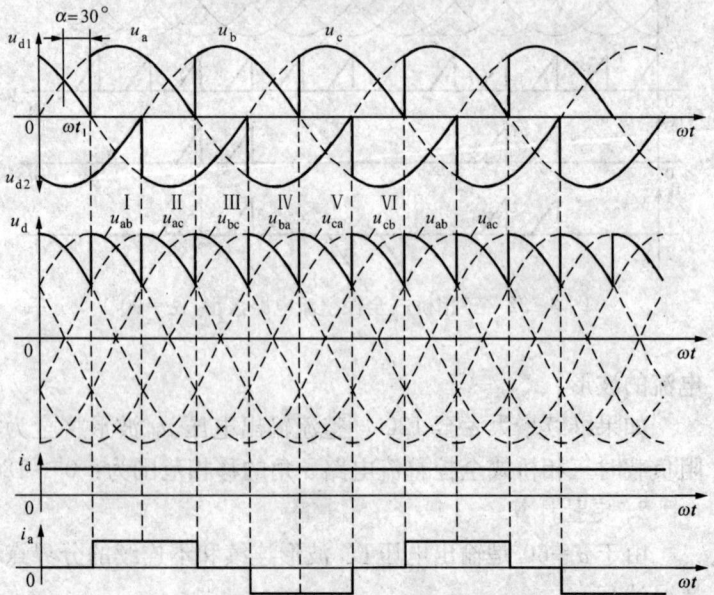

图 3-34　三相桥式全控整流电路波形（$\alpha=30°$）

3-29 带电阻负载时的情况进行比较。由波形图可见，在晶闸管 VT1 导通段，i_{VT1} 波形由负载电流 i_d 波形决定，和 u_d 波形不同。

图 3-34 中除给出 u_d 波形和 i_d 波形外，还给出了变压器二次侧 a 相电流 i_a 的波形，可与图 3-30 带电阻负载时的情况进行比较。

当 $\alpha > 60°$ 时，带阻感负载时的工作情况与带电阻负载时不同，带电阻负载时 u_d 波形不会出现负的部分，而带阻感负载时，由于电感 L 的作用，u_d 波形会出现负的部分。图 3-35 给出了 $\alpha = 90°$ 时的波形。若电感 L 值足够大，u_d 中正负面积将基本相等，u_d 平均值近似为零。这表明，带阻感负载时，三相桥式全控整流电路的 α 角移相范围为：$0° \sim 90°$。

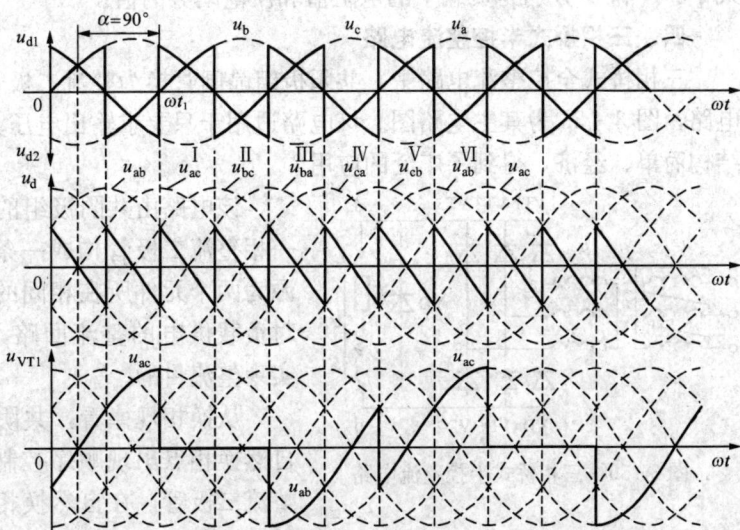

图 3-35　三相桥式全控整流电路波形（$\alpha = 90°$）

2. 定量计算

(1) 输出电压：

$$U_d = \frac{1}{\frac{\pi}{3}} \int_{\frac{\pi}{3}+\alpha}^{\frac{2\pi}{3}+\alpha} \sqrt{6} U_2 \sin \omega t \, \mathrm{d}\omega t = 2.34 U_2 \cos\alpha \tag{3-36}$$

(2) 电流：

平均值：

$$I_{dVT} = \frac{1}{2\pi} \int_{\alpha}^{\frac{2\pi}{3}+\alpha} I_d \, \mathrm{d}\omega t = \frac{1}{3} I_d \tag{3-37}$$

有效值：

$$I_{VT} = \sqrt{\frac{1}{2\pi} I_d^2 \frac{2\pi}{3}} = \frac{1}{\sqrt{3}} I_d \tag{3-38}$$

(3) 晶闸管承受的最大反压：

$$\sqrt{2} \times \sqrt{3} U_2 = \sqrt{6} U_2 \tag{3-39}$$

(4) 整流变压器二次侧电流：

波形如图 3-34 所示，为正负半周各宽 $120°$、前沿相差 $180°$ 的矩形波，其有效值为：

$$I_2 = \sqrt{\frac{1}{2\pi}\left(I_d^2 \times \frac{2}{3}\pi + (-I_d)^2 \times \frac{2}{3}\pi\right)} = \sqrt{\frac{2}{3}} I_d = 0.816 I_d \tag{3-40}$$

(5) 功率因数：

$$\lambda = \frac{P}{S} = \frac{I_0^2 R}{3U_2 I_2} = \frac{I_d^2 R}{3U_2 \sqrt{\frac{2}{3}} I_d} = \frac{U_d}{\sqrt{6} U_2} = 0.955\cos\alpha \tag{3-41}$$

三相桥式全控整流电路接反电动势阻感负载时，在负载电感足够大足以使负载电流连续的情况下，电路的工作情况与带电感性负载时相似，电路中各处电压、电流波形均相同，仅

在计算 I_d 时有所不同。接反电动势阻感负载时的 I_d 为：$I_d = \dfrac{U_d - E}{R}$

式中：R 和 E 分别为负载中的电阻值和反电动势的值。

四、三相桥式半控整流电路

三相桥式全控整流电路中，共阳极组晶闸管换为整流二极管，就成为三相桥式半控整流电路，图 3-36 为其主电路图。该电路适用于只要求输出电压大小可控的整流电源，由于其结构简单、经济，得到了广泛的应用。

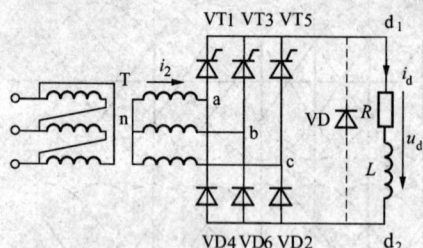

图 3-36 三相桥式半控整流电路

该电路由共阴极组的一相晶闸管和共阳极组的另一相整流二极管构成一条可控整流回路，整流回路电源为两个元件所在相间的线电压。该电路共有 6 条可对负载供电的整流回路，按电源电压相序轮流工作，实现整流目的。

从换相规律看，共阴极组三相元件为晶闸管，按自然换相点出现顺序控制换相；共阳极组三相元件为整流二极管，在自然换相点处自然换相，总是相电压最低的一相元件导通。在稳定工作状态下，三相晶闸管元件将以相同的控制角 α 触发换相。通过改变控制角 α 可以实现对输出整流电压平均值的控制。由于一组元件是相位控制换相，一组元件是自然换相，所以 6 条整流回路中的 1、3、5 与 2、4、6 的工作导通时间不同。

电路输出电压 $u_d = u_{d1} - u_{d2}$，u_{d1} 随共阴极组元件导通状态变化，u_{d2} 随共阳极组元件导通状态变化。

阻感负载时与单相桥式半控整流电路相似，在电路工作过程中，整流回路的电源电压过零变负时，会形成自然续流现象。因此，采用切除触发方式使输出整流电压下降为零时，将产生失控工作状态。为了防止出现失控工作状态，必须在负载两端反并联一个续流二极管 VD。

第四节　带平衡电抗器的双反星形可控整流电路

在工程实践中，有时需要电压不是很高、而电流高达数千安培以上的直流电源。如果采用三相桥式可控整流电路，则由于过大的负载电流需要将多个元件并联，这就使元件的均流和保护问题复杂化，而且这样大的负载电流每个通路都要经过两个导通元件，压降损耗大，整流装置效率低。

如果采用两组三相半波可控整流电路并联，使每组电路只承担负载电流之半，同时对变压器二次绕组采用合适的连接方式，以消除三相半波可控整流电路的直流磁化，则可以满足低电压大电流的负载要求。下面介绍的带平衡电抗器的双反星形可控整流电路即属于此。

一、电路组成与基本特点

带平衡电抗器的双反星形电路如图 3-37 所示。电路中电源变压器一次侧接成三角形，两组二次绕组都接成三相星形，组成两组三相半波可控整流电路，在两个中点之间，接有平衡电抗器 L_P。

整流变压器的二次侧每相有两个匝数相同极性相反的绕组，分别接成两组三相半波电路，即 a、b、c 一组，a′、b′、c′ 一组。a 与 a′绕在同一相铁芯上，图 3-37 中的"·"表示同名端。同样 b 与 b′，c 与 c′都绕在同一相铁芯上，故得名带平衡电抗器双反星形整流电路。同一铁芯两个绕组上的相电压相位差 $180°$，因而两组相电流在相位上也差 $180°$。由于两组三相半波电路并联，每组只供给负载电流的一半为 $\frac{1}{2}I_d$，每一相如 a 相的电流 i_a 和 i_a'的平均值都为 $\frac{1}{6}I_d$，而对铁芯磁化方向相反，因此直流磁动势互相抵消，没有直流磁化。与三相桥式电路相比，输出电流可增大一倍。

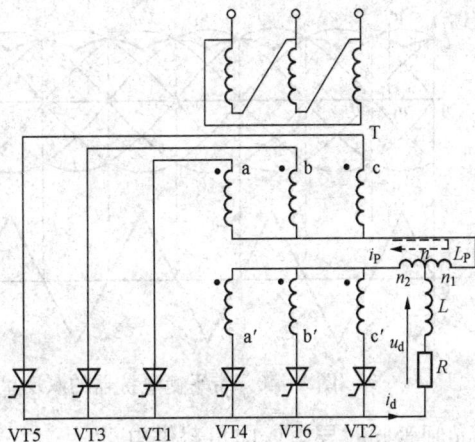

图 3-37 带平衡电抗器的
双反星形可控整流电路

这种电路的输出电压不是很高，为十几伏到几十伏或几百伏，而电流较大是其特点。在工业上它常用于电解、电镀。当然也可以应用于供电电流大小一般而环境温度较高、散热条件较差的场合，如在飞机电源中常看到这种电路的应用。

二、平衡电抗器 L_P 的作用

平衡电抗器的作用就是使上述两组三相半波电路的负载电流趋向均衡，达到并联供电的目的。

为了说明平衡电抗器的作用，现将两个二次绕组的中点 n_1、n_2 直接相连，则电路变为一般的六相半波可控整流电路。

在任一瞬间，六相绕组中只有相电压最高的那一相晶闸管可以触发导通，其余晶闸管均承受反向电压而关断。每个元件最大的导通角是 $60°$，每管平均电流是 $\frac{1}{6}I_d$。输出整流电压为六相半波电压波形的包络线，其平均值为 $1.35U_2$。

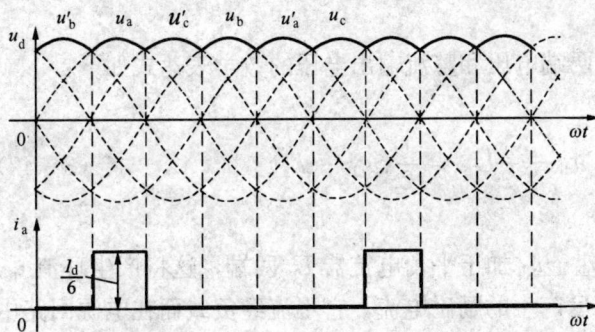

图 3-38 六相半波可控整流电路的波形

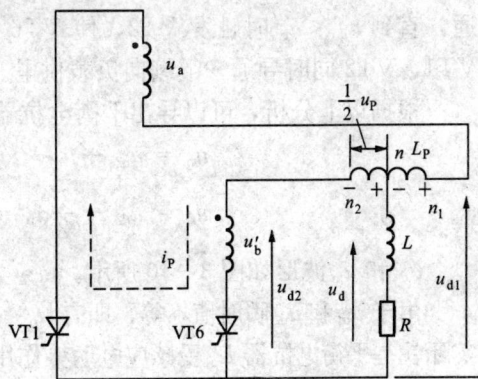

图 3-39 VT1、VT6 同时工作的电路图

这种电路晶闸管导电角小，变压器利用率低，并未达到并联目的，故一般很少采用。为了克服上述缺点，将两个二次绕组的中点用平衡电抗器连接。下面分析它的作用。

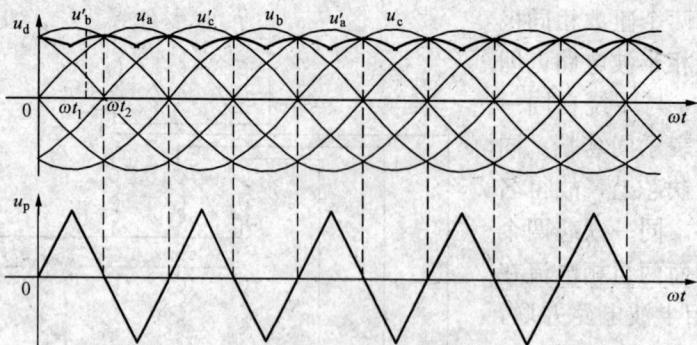

图 3-40 带平衡电抗器的双反星形电路波形

两个电源并联供电，只有它们的瞬时值相等，才能使负载电流均衡分配。双反星形电路中并联的两组三相半波电路输出的整流电压互差 60°，在同一控制角下，虽然两组电压平均值相同，但瞬时值不等。

正是由于平衡电抗器的作用补偿了两组输出 u_{d1} 和 u_{d2} 的瞬时电位差，因而可以使两组晶闸管同时导电，向负载供电。

如图 3-40 所示，取任一瞬间如 ωt_1，这时 u_b' 及 u_a 均为正值，然而 u_b' 大于 u_a，如果两组三相半波整流电路中点 n_1 和 n_2 直接相连，则必然只有 u_b' 相的晶闸管能导电。接了平衡电抗器后，n_1、n_2 间的电位差加在晶闸管的两端，它补偿了 u_b' 和 u_a 的电动势差，使得 u_b' 和 u_a 相的晶闸管能同时导电，如图 3-39 所示。

由于在 ωt_1 时 u_b' 比 u_a 电压高，VT6 导通，流经负载及平衡电抗器左半绕组的电流增加，左半绕组的感应电动势为 $u_p/2$，其极性为：n 端为正、n_2 端为负，与 u_b' 的极性相反。平衡电抗器的右半绕组与左半绕组匝数相等，并绕在同一铁芯上，故右半绕组也感应出相同的电动势 $u_p/2$，其极性如图 3-39 所示，与 u_a 极性相同。平衡电抗器总的感应电动势 u_p 等于 u_b' 与 u_a 的差值。负载 L、R 两端电压 u_d 为：

$$u_d = u_b' - \frac{u_p}{2} = u_a + \frac{u_p}{2}$$

上式说明，由于平衡电抗器的作用，将使电压较高的相 u_b' 减小 $u_p/2$，电压较低的相 u_a 增加 $u_p/2$，而使 VT1 和 VT6 同时导通，向负载供电。当 $\omega t = \omega t_2$ 时 $u_b' = u_a$，两相的晶闸管继续导通，$u_p = 0$。此后 $u_b' < u_a$，流经 b' 相 VT6 的电流减小，a 相 VT1 中电流增加，平衡电抗器上感应电动势的极性与上述极性相反，这时 $u_b' + \frac{u_p}{2} = u_a - \frac{u_p}{2}$，VT1 和 VT6 继续导通，直到 $u_b' < u_c'$ 时触发 VT2，使 VT6 承受反向电压关断，电流从 VT6 换到 VT2，此时 VT1、VT2 同时导通，继续向负载供电。

根据以上分析，可以导出平衡电抗器两端电压和整流输出电压的数学表达式如下：

$$u_p = u_{d2} - u_{d1}$$

$$u_d = u_{d2} - \frac{1}{2}u_p = u_{d1} + \frac{1}{2}U_p = \frac{1}{2}(u_{d1} + u_{d2}) \qquad (3-42)$$

u_d 和 u_p 波形如图 3-40 所示。

由于 u_{d1} 和 u_{d2} 瞬时值不等，即有 $u_p = u_{d2} - u_{d1}$ 加于平衡电抗器 L_p 两端，这将产生环流 i_p，实际就是平衡电抗器 L_p 受感应电动势作用后产生的励磁电流，它不流经负载而在电源回路中环行。结果一路流过的电流为 $\frac{1}{2}I_d - i_p$，另一路为 $\frac{1}{2}I_d + i_p$，形成两路向负载供电不均衡。

为了使两组电流尽可能平均分配，一般使 L_p 值足够大，以便限制环流在其负载额定电流的 $1\% \sim 2\%$ 以内。

三、定量计算

当 $\alpha = 0°$ 时，u_{d1} 和 u_{d2} 的波形为三相电压 $u_{a,b,c}$ 和 $u_{a',b',c'}$ 正半波的包络线。分别用傅里叶级数展开可以得到：

$$u_{d1} = \frac{3\sqrt{6}U_2}{2\pi}\left[1 + \frac{1}{4}\cos3\omega t - \frac{2}{35}\cos6\omega t + \frac{1}{40}\cos9\omega t - \cdots\right]$$

$$u_{d1} = \frac{3\sqrt{6}U_2}{2\pi}\left[1 - \frac{1}{4}\cos3\omega t - \frac{2}{35}\cos6\omega t - \frac{1}{40}\cos9\omega t - \cdots\right]$$

由前面分析：

$$u_d = \frac{1}{2}(u_{d1} + u_{d2}) = \frac{3\sqrt{6}U_2}{2\pi}(1 - \frac{2}{35}\cos6\omega t - \cdots) = 1.17U_2(1 - \frac{2}{35}\cos6\omega t - \cdots) \quad (3-43)$$

可见谐波含量不大，且最低次谐波已是 6 次谐波。直流分量为式中常数项，即 $u_d = 1.17U_2$，与 $\alpha = 0°$ 时的三相半波整流输出电压相等，这是在意料之中的。双反星形电路正常工作时是两组三相半波电路的并联，所以整流输出直流电压 U_d 仍等于一组的输出。对于不同控制角 α 仍应有：

$$U_d = 1.17U_2\cos\alpha \quad (3-44)$$

分析不同控制角 α 时的输出电压 u_d 波形，可以先分别求出两组三相半波电路的各自输出电压波形 u_{d1} 和 u_{d2}，然后作出 $\frac{1}{2}$（$u_{d1} + u_{d2}$）的波形即为 u_d 波形。

图 3-41 画出了 $\alpha = 30°$、$60°$、$90°$ 时的输出电压波形。与三相半波电路比较，双反星形整流电路的脉动程度减小而脉动频率加大一倍，工频时 $f = 6 \times 50 = 300\,\text{Hz}$。在电感性负载电流连续，$\alpha = 90°$

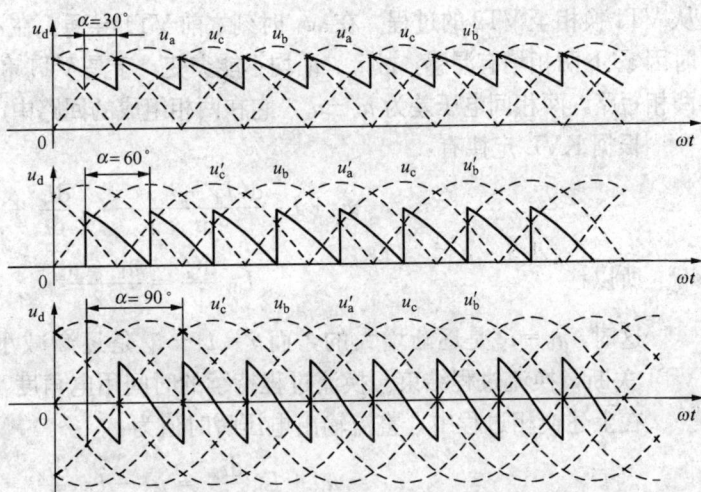

图 3-41 带平衡电抗器的双反星形可控整流电路波形

时，输出电压波形正、负面积相等，平均电压为零，因而控制角 α 的移相范围为：$0°\sim90°$。电阻性负载情况下则只保留输出波形正半部分，当 $\alpha = 150°$ 时，输出电压为零，因此电阻性负载情况下的移相范围为：$0°\sim150°$。

将双反星形电路与三相桥式电路进行比较可得出以下结论：

（1）三相桥式电路为两组三相半波电路串联，而双反星形电路为两组三相半波电路并联，且后者需用平衡电抗器。

（2）当 U_2 相等时，双反星形电路的整流输出平均电压 U_d 是三相桥式电路的一半，而 I_d 与三相桥式电路相比，在采用相同晶闸管的条件下，双反星形电路的输出电流可大一倍。

（3）两种电路中，晶闸管的导通及触发脉冲的分配关系一样，整流输出电压 u_d 和负载电流 i_d 的波形形状一样。

第五节 变压器漏感对整流电路的影响

在前面分析整流电路时，均未考虑包括变压器漏感在内的交流侧电感的影响，认为换相是瞬时完成的。但实际上变压器绕组总有漏感，该漏感可用一个集中的电感 L_B 表示，并将其折算到变压器二次侧。由于电感对电流的变化起阻碍作用，电感电流不能突变，因此换相过程不能瞬间完成，会持续一段时间。

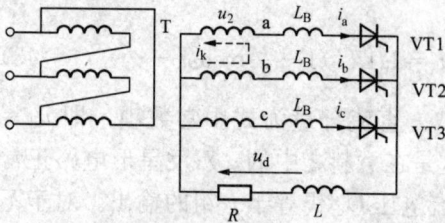

图 3-42 考虑变压器漏感的三相半波电路

下面以三相半波电路为例分析考虑变压器漏感时的换相过程以及有关参量的计算，然后将结论推广到其他的电路形式。

图 3-42 为考虑变压器漏感时的三相半波可控整流电路带电感负载的电路图。假设负载中电感很大，负载电流近似为一条水平线。

一、工作原理

该电路在交流电源的一周期内有 3 次晶闸管换相过程，因各次换相情况一样，这里只分析从 VT1 换相至 VT2 的过程。在 ωt_1 时刻之前 VT1 导通，在 ωt_1 时刻触发 VT2，VT2 导通，此时因 a、b 两相均有漏感，故 i_a、i_b 均不能突变，于是 VT1 和 VT2 同时导通，这相当于将 a、b 两相短路，两相间电压差为 u_b-u_a，它在两相组成的回路中产生环流 i_k 如图 3-42 所示。

根据 KVL 定律有：

$$-u_a + L_B \frac{d(I_d - i_k)}{dt} - L_B \frac{di_k}{dt} + u_b = 0$$

所以：

$$L_B \frac{di_k}{dt} = \frac{u_b - u_a}{2} \tag{3-45}$$

这时，$i_b = i_k$ 是逐渐增大的，而 $i = I_d - i_k$ 是逐渐减小的。当 i_k 增大到 I_d 时，$i_a = 0$，VT1 关断，换流过程结束。换流过程持续的时间用电角度 γ 表示，称为换相重叠角。

在上述换相过程中，整流输出电压瞬时值为：

$$u_d = u_a + L_B \frac{di_k}{dt} = u_b - L_B \frac{di_k}{dt} = \frac{u_a + u_b}{2} \tag{3-46}$$

由式（3-46）知，在换相过程中，整流电压 u_d 为同时导通的两个晶闸管所对应的两个相电压的平均值，由此可得 u_d 波形如图 3-43 所示。与不考虑变压器漏感时相比，每次换相 u_d 波形均少了阴影标出的一块，导致 u_d 平均值降低，降低的多少用 ΔU_d 表示，称为换相压降。

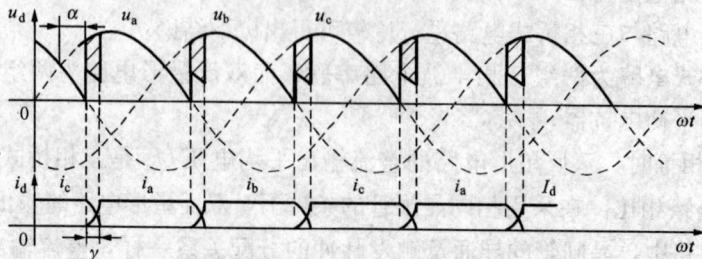

图 3-43 考虑变压器漏感的三相半波电路波形

二、换相压降

$$\Delta U_\mathrm{d} = \frac{3}{2\pi} \int_{\frac{5\pi}{6}+\alpha}^{\frac{5\pi}{6}+\alpha+\gamma} (u_\mathrm{b} - u_\mathrm{d}) \mathrm{d}\omega t = \frac{3}{2\pi} \int_{\frac{5\pi}{6}+\alpha}^{\frac{5\pi}{6}+\alpha+\gamma} \left[u_\mathrm{b} - \left(u_\mathrm{b} - L_\mathrm{B} \frac{\mathrm{d}i_\mathrm{k}}{\mathrm{d}t} \right) \right] \mathrm{d}\omega t$$

$$= \frac{3}{2\pi} \int_{\frac{5\pi}{6}+\alpha}^{\frac{5\pi}{6}+\alpha+\gamma} L_\mathrm{B} \frac{\mathrm{d}i_\mathrm{k}}{\mathrm{d}t} \mathrm{d}\omega t = \frac{3}{2\pi} \int_0^{I_\mathrm{d}} \omega L_\mathrm{B} \mathrm{d}i_\mathrm{k} = \frac{3}{2\pi} \omega L_\mathrm{B} I_\mathrm{d} \tag{3-47}$$

令 $\omega L_\mathrm{B} = X_\mathrm{B}$，则有 $\Delta U_\mathrm{d} = \frac{3}{2\pi} X_\mathrm{B} I_\mathrm{d}$。

推广到一般情况，对于 m 脉波整流电路的换相压降为：

$$\Delta U_\mathrm{d} = \frac{m}{2\pi} X_\mathrm{B} I_\mathrm{d}$$

但对于单相桥式全控整流电路的换相过程，环流 i_k 是从 $-I_\mathrm{d}$ 变为 I_d 或从 I_d 变为 $-I_\mathrm{d}$，也就是说电流的变化是 $2I_\mathrm{d}$，因此换相压降为 $\Delta U_\mathrm{d} = \frac{2}{2\pi} X_\mathrm{B} (2I_\mathrm{d}) = \frac{2}{\pi} X_\mathrm{B} I_\mathrm{d}$。

三、换相重叠角

由式（3-45）得：

$$L_\mathrm{B} \frac{\mathrm{d}i_\mathrm{k}}{\mathrm{d}t} = \frac{u_\mathrm{b} - u_\mathrm{a}}{2} \Rightarrow \frac{\mathrm{d}i_\mathrm{k}}{\mathrm{d}t} = \frac{u_\mathrm{b} - u_\mathrm{a}}{2L_\mathrm{B}} = \frac{\sqrt{2}U_2 \sin\frac{\pi}{3} \sin\left(\omega t - \frac{5}{6}\pi\right)}{L_\mathrm{B}}$$

由上式得：

$$\frac{\mathrm{d}i_\mathrm{k}}{\mathrm{d}\omega t} = \frac{\sqrt{2}U_2 \sin\frac{\pi}{3} \sin\left(\omega t - \frac{5}{6}\pi\right)}{\omega L_\mathrm{B}}$$

进而得出：

$$i_\mathrm{k} = \int_{\frac{5}{6}\pi+\alpha}^{\omega t} \frac{\sqrt{2}U_2 \sin\frac{\pi}{3} \sin\left(\omega t - \frac{5}{6}\pi\right)}{\omega L_\mathrm{B}} \mathrm{d}\omega t = \frac{\sqrt{2}U_2 \sin\frac{\pi}{3}}{X_\mathrm{B}} \left[\cos\alpha - \cos\left(\omega t - \frac{5}{6}\pi\right) \right]$$

因为当 $\omega t = \frac{5}{6}\pi + \alpha + \gamma$ 时，$i_\mathrm{k} = I_\mathrm{d}$，于是：

$$I_\mathrm{d} = \frac{\sqrt{2}U_2 \sin\frac{\pi}{3}}{X_\mathrm{B}} [\cos\alpha - \cos(\alpha + \gamma)]$$

$$\cos\alpha - \cos(\alpha + \gamma) = \frac{X_\mathrm{B} I_\mathrm{d}}{\sqrt{2}U_2 \sin\frac{\pi}{3}}$$

推广到一般情况，对于 m 脉波整流电路的换相重叠角为：

$$\cos\alpha - \cos(\alpha + \gamma) = \frac{X_\mathrm{B} I_\mathrm{d}}{\sqrt{2}U_2 \sin\frac{\pi}{m}} \tag{3-48}$$

但对于三相桥式全控整流电路，其输出电压为 6 段线电压组成，线电压的幅值为 $\sqrt{6}U_2$，它可以看作是有效值为 $\sqrt{3}U_2$，上式中的 U_2 要用 $\sqrt{3}U_2$ 代替，所以有：

$$\cos\alpha - \cos(\alpha + \gamma) = \frac{X_\mathrm{B} I_\mathrm{d}}{\sqrt{2}U_2 \sin\frac{\pi}{m}} = \frac{X_\mathrm{B} I_\mathrm{d}}{\sqrt{6}U_2 \sin\frac{\pi}{6}} = \frac{2X_\mathrm{B} I_\mathrm{d}}{\sqrt{6}U_2}$$

四、变压器漏感对整流电路的影响

（1）出现换相重叠角 γ，整流输出电压平均值 U_d 降低。

（2）整流电路的工作状态增多。

（3）晶闸管的 $\mathrm{d}i/\mathrm{d}t$ 减小，有利于晶闸管的安全开通。有时人为串入进线电抗器以抑制晶闸管的 $\mathrm{d}i/\mathrm{d}t$。

（4）换相时晶闸管电压出现缺口，产生正的 $\mathrm{d}u/\mathrm{d}t$，可能使晶闸管误导通，为此必须加吸收电路。

（5）换相使电网电压出现缺口，成为干扰源。

第六节　整流电路的谐波和功率因数

随着电力电子技术的飞速发展，各种电力电子装置在电力系统、工业、交通、家庭等众多领域中的应用日益广泛，由此带来的谐波和无功问题也日益严重，引起了越来越广泛的关注。

（1）许多电力电子装置要消耗无功功率，会对公用电网带来不利影响。

1）无功功率会导致电流增大和视在功率增加，导致设备容量增加。

2）无功功率增加，会使总电流增加，从而使设备和线路的损耗增加。

3）使线路压降增大，冲击性无功负载还会使电压剧烈波动。

（2）电力电子装置还会产生谐波，对公用电网产生危害。

1）谐波使电网中的元件产生附加的谐波损耗，降低发电、输电及用电设备的效率，大量的 3 次谐波流过中性线会使线路过热甚至发生火灾。

2）谐波影响各种电气设备的正常工作，使电机发生机械振动、噪声和过热，使变压器局部严重过热，使电容器、电缆等设备过热，使绝缘老化、寿命缩短以至损坏。

3）谐波会引起电网中局部的并联谐振和串联谐振，从而使谐波放大，会使上述1）和2）两项的危害大大增加，甚至引起严重事故。

4）谐波会导致继电保护和自动装置的误动作，并使电气测量仪表计量不准确。

5）谐波会对邻近的通信系统产生干扰，轻者产生噪声，降低通信质量，重者导致信息丢失，使通信系统无法正常工作。

由于公用电网中的谐波电压和谐波电流对用电设备和电网本身都会造成很大的危害，世界许多国家都发布了限制电网谐波的国家标准，或由权威机构制定限制谐波的规定。制定这些标准和规定的基本原则是限制谐波源注入电网的谐波电流，把电网谐波电压控制在允许范围内，使接在电网中的电气设备能免受谐波干扰而正常工作。世界各国所制定的谐波标准大都比较接近。我国由技术监督局于 1993 年发布了国家标准（GB/T1454943）《电能质量公用电网谐波》，并从 1994 年 3 月 1 日起开始实施。

一、谐波和无功功率分析基础

（一）谐波

在供用电系统中，通常总是希望交流电压和交流电流呈正弦波形。正弦波电压可表示为：

$$u(t) = \sqrt{2}U\sin(\omega t + \varphi_\mathrm{u})$$

式中：U 为电压有效值；φ_u 为初相角；ω 为角频率；$\omega = 2\pi f = 2\pi/T$；f 为频率；T 为周期。

当正弦波电压施加在线性无源元件电阻、电感和电容上，其电流和电压分别为比例、积分和微分关系，仍为同频率的正弦波。但当正弦波电压施加在非线性电路上时，电流就变为非正弦波，非正弦电流在电网阻抗上产生压降，会使电压波形也变为非正弦波。当然，非正弦电压施加在线性电路上时，电流也是非正弦波。对于非正弦电压 $u(\omega t)$，一般满足狄里赫利条件，可分解为如下形式的傅里叶级数：

$$u(t) = a_0 + \sum_{n=1}^{\infty} (a_n \cos n\omega t + b_n \sin n\omega t) \qquad (3-49)$$

式中：

$$a_0 = \frac{1}{2\pi} \int_0^{2\pi} u(\omega t) \mathrm{d}\omega t$$

$$a_n = \frac{1}{\pi} \int_0^{2\pi} u(\omega t) \cos n\omega t \, \mathrm{d}\omega t \qquad (n = 1,2,3 \cdots)$$

$$b_n = \frac{1}{\pi} \int_0^{2\pi} u(\omega t) \sin n\omega t \, \mathrm{d}\omega t$$

或 $$u(t) = a_0 + \sum_{n=1}^{\infty} c_n \sin(n\omega t + \varphi_n) \qquad (3-50)$$

式中：$c_n = \sqrt{a_n^2 + b_n^2}$；$\varphi_n = \arctan(a_n/b_n)$；$a_n = \sin\varphi_n$；$b_n = \cos\varphi_n$。

在式（3-49）或式（3-50）的傅里叶级数中，频率与工频相同的分量称为基波（Fundamental），频率为基波频率整数倍（大于1）的分量称为谐波（Harmonics），谐波次数为谐波频率和基波频率的整数比。以上公式及定义均以非正弦电压为例，对于非正弦电流的情况也完全适用，把式中 $u(\omega t)$ 转成 $i(\omega t)$ 即可。

（1）n 次谐波电流含有率，以 HRI_n（Harmonic Ratio for I_n）表示：

$$\mathrm{HRI}_n = \frac{I_n}{I_1} \times 100\% \qquad (3-51)$$

式中：I_n 为第 n 次谐波电流有效值；I_1 为第基波电流有效值。

（2）电流谐波总畸变率 THD_i（Total Harmonic distortion）定义为

$$\mathrm{THD}_i = \frac{I_h}{I_1} \times 100\% \qquad (3-52)$$

式中：I_h 为总谐波电流有效值。

（二）功率因数

1. 正弦电路中的情况

电路的有功功率就是其平均功率：

$$P = \frac{1}{2\pi} \int_0^{2\pi} ui \, \mathrm{d}\omega t = \frac{1}{2\pi} \int_0^{2\pi} \sqrt{2}U\sin\omega t \times \sqrt{2}I\sin(\omega t - \varphi) \mathrm{d}\omega t = UI\cos\varphi \qquad (3-53)$$

式中：U、I 分别为电压和电流的有效值；φ 为电流滞后于电压的电角度。

视在功率： $$S = UI \qquad (3-54)$$

无功功率定义为： $$Q = UI\sin\varphi \qquad (3-55)$$

功率因数： $$\lambda = \frac{P}{S} = \cos\varphi \qquad (3-56)$$

此时无功功率 Q 与有功功率 P、视在功率 S 之有如下关系：

$$S^2 = P^2 + Q^2 \tag{3-57}$$

2. 非正弦电路中的情况

有功功率、视在功率、功率因数的定义均和正弦电路相同，功率因数仍由式（3-57）定义。公用电网中，通常电压波形的畸变很小，而电流波形畸变的可能很大。因此，不考虑电压畸变，研究电压波形为正弦波，电流波形为非正弦波的情况有很大的实际意义。

设：正弦波电压有效值为 U，畸变电流有效值为 I，基波电流有效值及与电压的相位差分别为 I_1 和 $\cos\varphi_1$。

（1）有功功率为：
$$P = UI_1\cos\varphi_1 \tag{3-58}$$

（2）功率因数为：
$$\lambda = \frac{P}{S} = \frac{UI_1\cos\varphi_1}{UI} = \frac{I_1}{I}\cos\varphi_1 = \nu\cos\varphi_1 \tag{3-59}$$

式中：$\nu = I_1/I$，是基波电流有效值和总电流有效值之比，称为基波因数，而 $\cos\varphi_1$ 称为位移因数或基波功率因数。可见，功率因数由基波电流相移和电流波形畸变这两个因素共同决定。

（3）非正弦电路的无功功率：

非正弦电路的无功功率的定义很多，但尚无被广泛接受的科学而权威的定义。一种简单的定义是仿照式（3-57）给出：
$$Q = \sqrt{S^2 - P^2} \tag{3-60}$$

这样定义的无功功率 Q 反映了能量的流动和交换，目前被较广泛的接受。

也可仿照式（3-55）定义无功功率，为和式（3-60）区别，采用符号 Q_f，忽略电压中的谐波时有：
$$Q_f = UI\sin\varphi_1 \tag{3-61}$$

在非正弦情况下，$S^2 \neq P^2 + Q_f^2$，因此引入畸变功率 D，使得：
$$S^2 = P^2 + Q_f^2 + D^2 \tag{3-62}$$

比较式（3-62）和式（3-57），可得：$Q^2 = Q_f^2 + D^2$

忽略电压谐波时：
$$D = \sqrt{S^2 - P^2 - Q_f^2} = U\sqrt{\sum_{n=2}^{\infty} I_n^2} \tag{3-63}$$

这种情况下，Q_f 为由基波电流所产生的无功功率，D 是谐波电流产生的无功功率。

二、带阻感负载时可控整流电路交流侧谐波和功率因数分析

（一）单相桥式全控整流电路

1. 变压器二次侧电流谐波分析

忽略换相过程和电流脉动，带阻感负载，直流电感 L 为足够大时变压器二次电流波形近似为理想方波，以电流过零点为坐标原点建立坐标系，将电流波形分解为傅里叶级数，可得：
$$i_2 = \frac{4}{\pi}I_d(\sin\omega t + \frac{1}{3}\sin3\omega t + \frac{1}{5}\sin5\omega t + \cdots)$$
$$= \frac{4}{\pi}I_d\sum_{n=1,3,5,\cdots}^{\infty}\frac{1}{n}\sin n\omega t = \sum_{n=1,3,5,\cdots}^{\infty}\sqrt{2}I_n\sin n\omega t \tag{3-64}$$

可见：电流中仅含奇次谐波，即 $(2k-1)$（$k=1$, 2, 3, $\cdots$）次谐波。

各次谐波有效值与谐波次数成反比，且与基波有效值的比值为谐波次数的倒数。

基波电流有效值为：
$$I_1 = \frac{2\sqrt{2}}{\pi} I_d \qquad (3-65)$$

谐波电流有效值为：
$$I_n = \frac{4}{\pi} I_d \times \frac{1}{n} \times \frac{1}{\sqrt{2}} = \frac{2\sqrt{2} I_d}{n\pi} \quad (n=1,2,3,\cdots) \qquad (3-66)$$

2. 功率因数计算

由单相桥式全控整流电路阻感负载的定量分析知 i_2 的有效值 $I=I_d$，可得基波因数为：

$$\nu = \frac{I_1}{I} = \frac{2\sqrt{2}}{\pi} \approx 0.9$$

由图可以看出基波电流滞后电源电压的电角度就是控制角 α，故位移因数为：

$$\lambda_1 = \cos\varphi_1 = \cos\alpha$$

所以，功率因数为：

$$\lambda = \nu\lambda_1 = \frac{I_1}{I}\cos\varphi_1 = \frac{2\sqrt{2}}{\pi}\cos\alpha \approx 0.9\cos\alpha \qquad (3-67)$$

（二）三相桥式全控整流电路

阻感负载的三相桥式整流电路忽略换相过

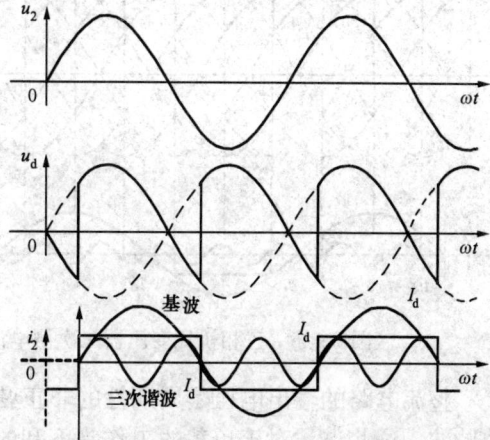

图 3-44 单相桥式变压器二次侧电流谐波

程和电流脉动，设交流侧电抗为零。直流电感 L 足够大。以 $\alpha=30°$ 为例，交流侧电压和电流波形如图 3-34 中的 u_d 和 i_d 波形所示。此时，电流为正负各半周的方波，三相电流波形相同，且依次相差 $120°$，其有效值与直流电流的关系为：$I=\sqrt{\frac{2}{3}}I_d$。

1. 变压器二次侧电流谐波分析

以 a 相为例，以电流正负两半波的中点为新坐标轴的零点，对 i_a 进行傅里叶级数分解有：

$$
\begin{aligned}
i_a &= \frac{2\sqrt{3}}{\pi} I_d \left[\sin\omega t - \frac{1}{5}\sin5\omega t - \frac{1}{7}\sin7\omega t + \frac{1}{11}\sin11\omega t + \frac{1}{13}\sin13\omega t - \cdots \right] \\
&= \frac{2\sqrt{3}}{\pi} I_d \sin\omega t + \frac{2\sqrt{3}}{\pi} I_d \sum_{\substack{n=6k\pm1 \\ k=1,2,3\cdots}}^{\infty} (-1)^k \frac{1}{n}\sin n\omega t \qquad (3-68) \\
&= \sqrt{2} I_1 \sin\omega t + \sum_{\substack{n=6k\pm1 \\ k=1,2,3\cdots}}^{\infty} (-1)^k \sqrt{2} I_n \sin n\omega t
\end{aligned}
$$

可见，电流中仅含 $6k\pm1$（k 为正整数）次谐波，各次谐波有效值与谐波次数成反比，且与基波有效值的比值为谐波次数的倒数。

电流基波和各次谐波有效值分别为：
$$
\begin{cases}
I_1 = \dfrac{\sqrt{6}}{\pi} I_d \\[2mm]
I_n = \dfrac{\sqrt{6}}{n\pi} I_d
\end{cases}
\quad n=6k\pm1,\ k=1,2,3,\cdots \qquad (3-69)
$$

2. 功率因数计算

基波因数为：$\nu = \dfrac{I_1}{I} = \dfrac{\dfrac{\sqrt{6}}{\pi} I_d}{\sqrt{\dfrac{2}{3}} I_d} = \dfrac{3}{\pi} \approx 0.955$，由图 3-45 可以看出，虽然控制角 $\alpha = 0°$

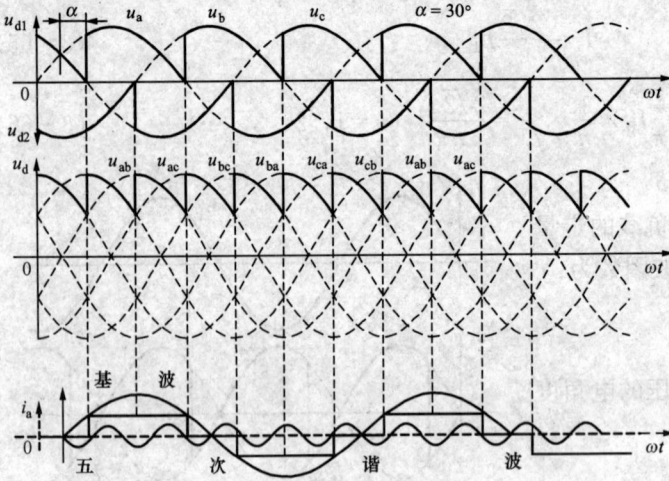

图 3-45　三相桥式变压器二次侧电流谐波

点滞后电源电压 30°，但变压器二次侧基波电流超前 i_2 的电角度为 30°，所以基波电流滞后电源电压的电角度等于控制角 α，故位移因数为：

$$\lambda_1 = \cos\varphi_1 = \cos\alpha$$

所以功率因数为：

$$\lambda = \nu\lambda_1 = \frac{I_1}{I}\cos\varphi_1$$

$$= \frac{3}{\pi}\cos\alpha \approx 0.955\cos\alpha \qquad (3-70)$$

三、整流输出电压和电流的谐波分析

整流电路的输出电压是周期性的非正弦函数。其中主要成分为直流，同时包含各种频率的谐波，这些谐波对于负载的工作是不利的。

$d=0$ 时，m 脉波整流电路的整流电压如图 3-46 所示（以 $m=3$ 为例）。将纵坐标选在整流电压的峰值处，则在 $-\pi/m\sim\pi/m$ 区间，整流电压的表达式为：

$$u_{d0} = \sqrt{2}\cos\omega t$$

对该整流输出电压进行傅里叶级数分解，得出：

$$u_{d0} = U_{d0} + \sum_{n=mk}^{\infty} b_n \cos n\omega t$$

$$= U_{d0}\left[1 - \sum_{n=mk}^{\infty}\frac{2\cos k\pi}{n^2-1}\cos n\omega t\right] \qquad (3-71)$$

式中：$k=1,2,3\cdots$；$U_{d0} = \sqrt{2}U_2\dfrac{m}{\pi}\sin\dfrac{\pi}{m}$。

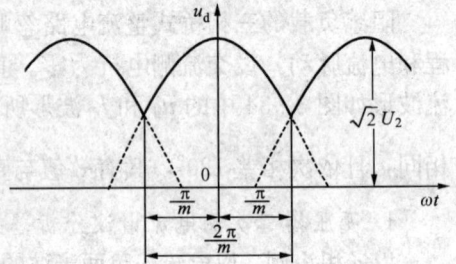

图 3-46　m 脉波整流电路

为了描述整流电压 u_{d0} 中所含谐波的总体情况，定义电压纹波因数 γ_u 为 u_{d0} 中谐波分量有效值 U_R 与整流电压平均值 U_{d0} 之比：

$$\gamma_u = \frac{U_R}{U_{d0}} \qquad (3-72)$$

其中：

$$U_R = \sqrt{\sum_{n=mk}^{\infty}U_n^2} = \sqrt{U^2 - U_{d0}^2} \qquad (3-73)$$

$$U = \sqrt{\frac{m}{2\pi}\int_{-\frac{\pi}{m}}^{\frac{\pi}{m}}(\sqrt{2}U_2\cos\omega t)^2 \mathrm{d}(\omega t)} = U_2\sqrt{1 + \frac{\sin\frac{2\pi}{m}}{\frac{2\pi}{m}}} \qquad (3-74)$$

所以：

$$\gamma_u = \frac{U_R}{U_{d0}} = \frac{\left[\frac{1}{2} + \frac{m}{4\pi}\sin\frac{2\pi}{m} - \frac{m^2}{\pi^2}\sin^2\frac{\pi}{m}\right]^{\frac{1}{2}}}{\frac{m}{\pi}\sin\frac{\pi}{m}} \qquad (3-75)$$

表 3-2　　　　　　　　　　不同脉波数时的电压纹波因数值

m	2	3	6	12	∞
γ_u（%）	48.2	18.27	4.18	0.994	0

纹波因数便于测量，用有效值电压表便可测出，但计算复杂，因此有些场合用脉动系数 S 来表达整流负载上电压或电流的平整程度。S 定义为最低次频率的谐波分量幅值与直流分量（即整流电压的平均值）的比值，对于一般 m 相整流电路的电压脉动系数 S_u 为：

$$S_u = \frac{\sqrt{2}U_2 \frac{m}{\pi}\sin\frac{\pi}{m} \times \frac{2}{n^2-1}}{\sqrt{2}U_2 \frac{m}{\pi}\sin\frac{\pi}{m}} = \frac{2}{n^2-1} = \frac{2}{m^2-1} \qquad (3-76)$$

对于单相桥式、三相半波及三相桥式整流电路，S_u 的值见表 3-3。

表 3-3　　　　　　　　　　不同脉波数时的电压脉动系数

m	2	3	6	12	∞
S_u（%）	66.7	25.0	5.7	1.4	0

由表 3-3 知，三相桥式整流电路（$\alpha=0°$时）的脉动系数 $S_u=5.7\%$，较单相桥式和三相半波整流电路小得多。相数 m 愈多，S_u 愈小，输出整流电压中交流分量所占比例愈小，整流电压质量愈高。

负载电流的傅里叶级数可由整流电压的傅里叶级数求得：

$$i_d = I_d + \sum_{n=mk}^{\infty} d_n\cos(n\omega t - \varphi_n) \qquad (3-77)$$

当负载为 R、L 和反电动势 E 串联时，式（3-77）中：$I_d = \dfrac{U_{d0}-E}{R}$ 　(3-78)

n 次谐波电流的幅值 d_n 为：$d_n = \dfrac{b_n}{z_n} = \dfrac{b_n}{\sqrt{R^2+(n\omega L)^2}}$ 　(3-79)

n 次谐波电流的滞后角为：$\varphi_n = \arctan\dfrac{n\omega L}{R}$ 　(3-80)

由上面分析，总结 $\alpha=0°$时整流电压、电流中的谐波有如下规律：

1）m 脉波整流电压 u_{d0} 的谐波次数为 mk（$k=1,2,3,\cdots$）次，即 m 的倍数次；整流电流的谐波由整流电压的谐波决定，也为 mk 次；

2）当 m 一定时，随谐波次数增大，谐波幅值迅速减小，表明最低次（m 次）谐波是最主要的，其他次数的谐波相对较少；当负载中有电感时，负载电流谐波幅值 d_n 的减小更为迅速；

3）m 增加时，最低次谐波次数增大，且幅值迅速减小，电压纹波因数迅速下降。

第七节　单相桥式整流电路仿真

单相桥式全控整流电路如图 3 - 47 所示，电路由交流电源 u_1，整流变压器 T、晶闸管 VT1～VT4、负载电阻 R 及触发电路组成。在变压器二次电压 u_2 的正半周期触发晶闸管 VT1 和 VT3，在 u_2 的负半周期触发晶闸管 VT2 和 VT4，在负载上可以得到方向不变的直流电，改变晶闸管的控制角可以调节输出直流电压和电流的大小。仿真过程如下所述。

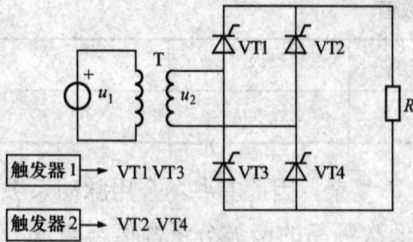

图 3 - 47　单相桥式全控整流原理电路

一、建立仿真模型

在 SIMULINK 模型库中没有专门的单相桥式整流器触发模型，这里使用了两个脉冲发生器分别产生 VT1 和 VT3、VT2 和 VT4 的触发脉冲。整流器的负载选用了 RLC 串联电路，可以通过参数设置来改变电阻、电感和电容的组合。连接完成的单相桥式整流电路模型如图 3 - 48 所示，为了简化仿真过程，在本例中省略了整流变压器。

模型中使用了两种测量仪器，示波器（Scope）和多路测量器（Multimeter）。示波器可以观察它连接点上的波形，多路测量器（Multimeter）可以接收一些模块发送出来的参数信号并通过示波器观察。

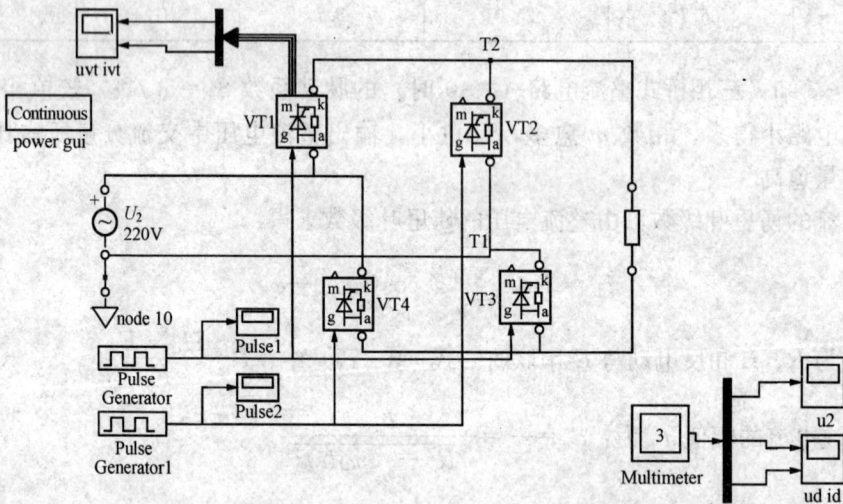

图 3 - 48　单相桥式整流电路模型

二、设置模型参数

设置模型参数是保证仿真准确和顺利的重要一步，有些参数是由仿真任务规定的，如本例仿真中的电源电压、电阻值等，有些参数是需要通过仿真来确定的。设置模型参数可以双击模块图标弹出参数设置对话框，然后按框中提示输入，若有不清楚的地方可以借助 Help 帮助文件。在本例中，参数设置如下：

（1）交流电压源 u_2，电压 220V，频率为 50Hz，初始相位为 0°。在电压设置中要输入的是电压峰值，在该栏中键入 "220 * sqrt（2）"。在对话框最后的测量选择选中电压 "voltage"，这样，u_2 数据可以送入多路测量器（Multimeter）。

（2）晶闸管 VT1~VT4 直接使用了模型的默认参数，也可以另外设置。

（3）负载 RLC，R 的值 2Ω，L 的值 0，C 的值为 inf，并在参数页最后的测量选择中选择 "voltage and current"，这样负载 R 的电压和电流可以通过多路测量器（Multimeter）观察。

（4）本例晶闸管的触发采用简单的脉冲触发器（Pulse Generator）来产生，脉冲发生器的脉冲周期 T 必须和交流电源 u_2 同步。晶闸管的控制角 α 以脉冲的延迟时间 t 来表示，$t = \alpha T/360°$，其中，α 为控制角，$T = 1/f$，f 为交流电源频率。本例在 $\alpha = 30°$ 时的脉冲触发器参数设置见表 3 - 4。

表 3 - 4   脉冲发生器参数设置

项目	脉冲发生器 1	脉冲发生器 2
脉冲类型（Pulse type）	Time-based	Time-based
脉冲幅值（Amplitude）	1	1
周期（Period）	0.02s	0.02s
脉冲宽度（Pulse width）	0.0005s	0.0005s
相位延迟（Pulse delay）	0.00167s	0.00167s

在仿真前必须首先设置仿真参数，内容主要包括开始时间、终止时间、仿真类型，以及相对误差和绝对误差等。随后方可开始仿真。

本例给出两电阻负载时的仿真波形。图 3 - 49 是变压器二次侧电压 u_2 的波形和负载电

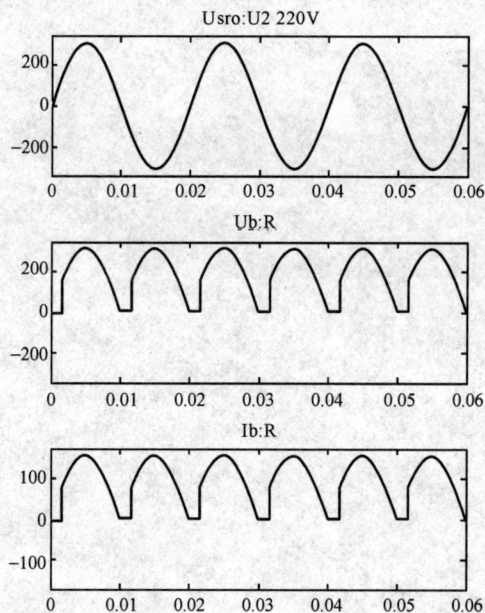

Usro:U2 220V

Ub:R

Ib:R

图 3 - 49 交流电源电压和 $\alpha = 30°$ 时负载电阻两端的电压波形和电流波形

阻 $R = 2Ω$ 两端的电压和电流的仿真波形，该电压和电流都是脉动的直流，反映了电源的交流电经过整流后成为了直流电，实现了整流。由图可知由于是纯电阻负载，电压电流波形相

同，幅值不同。

图 3 - 50 是 $\alpha = 30°$ 时通过晶闸管 VT1 的电流、电压波形。晶闸管通过电流波形仅为负载电流的一半，只在半个周期内有电流流过。并且通过比较可以看出晶闸管导通时它的两端电压为零，在四个晶闸管都不导通时，每个晶闸管承受 $u_2/2$ 的电压，且晶闸管承受的最高反向电压为电流电压的峰值 311V。

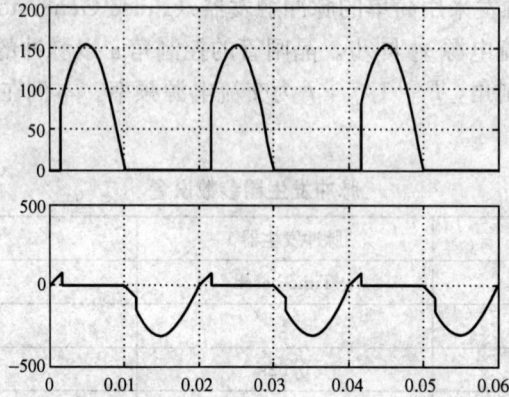

图 3 - 50 $\alpha = 30°$ 时晶闸管的电流波形和晶闸管的电压波形

第四章 DC—DC 变换电路

内容提要与目的要求

了解直流斩波器的工作原理及控制方式，掌握直流斩波器的基本电路、波形分析及电路参数计算。重点：掌握各种斩波电路的波形分析及工作原理。

第一节 直流斩波电路的工作原理

一、直流斩波的概念及分类

将一个固定电压的直流电变为另一固定电压或可调电压的直流电称之为 DC—DC 变换，而实现这种功能的电路称之为直流斩波电路（DC Chopper）或称直流—直流变换器（DC—DC Converter）。直流斩波器具有效率高、体积小、重量轻、成本低等优点。直流斩波器现广泛用于直流牵引变速拖动中，如无轨电车、地铁列车、电动汽车的控制等，同时还广泛用于直流开关电源和电池供电的设备中，如通信电源、电子笔记本、计算器等。

直流斩波电路的种类较多，包括六种基本斩波电路：降压斩波电路（Buck Chopper）、升压斩波电路（Boost Chopper）、升降压斩波电路（Boost-Buck Chopper）、Cuk 斩波电路、Sepic 斩波电路和 Zeta 斩波电路，其中前两种是最基本的电路。本章将对前两种电路作重点介绍，并在此基础上介绍升降压斩波电路和 Cuk 斩波电路。

二、基本斩波电路的工作原理

最基本的降压斩波电路如图 4-1（a）所示，在此以阻性负载为例。图中 S 为电力电子器件。当开关 S 合上（即电力电子器件导通）时，直流电压加到负载 R 上，并持续 t_{on} 时间。当开关 S 断开（即电力电子器件关断）时，负载上的电压为零，并持续 t_{off} 时间。$T = t_{on} + t_{off}$ 为斩波电路的工作周期，其输出波形如图 4-1（b）所示。

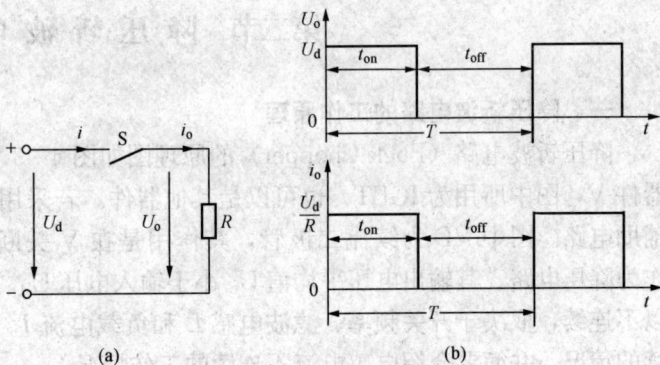

图 4-1 基本降压斩波电路及其波形
(a) 电路；(b) 波形（R 负载）

由波形图可得输出电压平均值为：

$$U_o = \frac{1}{T} \int_0^{t_{on}} E dt = \frac{t_{on}}{T} E = \alpha E \qquad (4-1)$$

式中：t_{on} 为 S 闭合（导通）时间；$T = t_{on} + t_{off}$ 为斩波电路的工作周期，其中 t_{off} 为 S 断开（关断）时间；α 为导通占空比，简称占空比或导通比，$\alpha = t_{on}/T$。

其输出电压有效值为：

$$U = \left(\frac{1}{T}\int_0^{\alpha T} u_o^2 dt\right)^2 = \sqrt{\alpha}\, U_d \qquad (4-2)$$

若认为斩波器是无损耗的，则输入功率应与输出功率相等，即：

$$P_i = \frac{1}{T}\int_0^{\alpha T} u_o i\, dt = \frac{1}{T}\int_0^{\alpha T} \frac{u_o^2}{R} dt = \alpha\frac{U_d^2}{R} \qquad (4-3)$$

从直流电源侧看的等效电阻为：

$$R_i = \frac{U_d}{I_o} = \frac{U_d}{\dfrac{\alpha U_d}{R}} = \frac{R}{\alpha} \qquad (4-4)$$

由式（4-1）可知，当 α 从 0 变到 1 时，输出电压平均值从零变到 U_d，输入电流的平均值将是输出电流平均值的 α 倍。可以看出，输出到负载的电压平均值 U_o 与 E 及 α 有关，可以通过改变 α 来调节 U_o。据对输出电压平均值进行调制的方式不同，斩波电路可以有三种控制方式。

（1）保持开关周期 T 不变，调节开关导通时间 t_{on}，称为脉冲宽度调制（Pulse Width Modulation，缩写为 PWM）或脉冲调宽型。

（2）保持开关导通时间 t_{on} 不变，改变开关周期 T，称为频率调制或调频型。

（3）t_{on} 和 T 都可调，使占空比改变，称为混合型。

其中脉宽调制方式应用最多，因为采用频率调制方式容易产生谐波干扰，而且滤波器设计也比较困难。

当斩波器带感性负载时，应采用图 4-2 所示电路。图 4-1 和图 4-2 都是降压斩波电路。

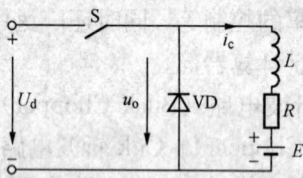

图 4-2　带感性负载斩波电路

第二节　降 压 斩 波 电 路

一、降压斩波电路的工作原理

降压斩波电路（Buck Chopper）的原理图如图 4-3（a）所示。该电路使用一个全控型器件 V，图中所用为 IGBT，也可以是其他器件。若采用晶闸管，则需设置使晶闸管关断的辅助电路。图中 VD 为续流二极管，其作用是在 V 关断时给负载中的电感电流提供通道。作为降压电路，其输出电压平均值 U_o 小于输入电压 U_d。通过电感中的电流可以连续，也可以不连续，取决于开关频率、滤波电感 L 和负载电流 I_o 的大小。下面重点介绍电感电流连续的情况，并简要介绍电感电流不连续的工作情况。

1. 电感电流连续

在电路的输入端加电压后，需经过一段比较短的时间，才进入稳定工作状态。暂态过程十分复杂，下面只分析稳态过程。图 4-3（b）给出了该电路的两种不同的电路工作模式，一个周期中其工作过程按时间分成了两个时间段，分别对应两个模式。电感电流连续时的工作波形如图 4-3（c）所示。

（1）工作模式 1（$0 \leqslant t \leqslant t_1 = \alpha T$）：

设 $t=0$ 时刻，V 管被激励导通，VD 管要承受反压，故电流 I_{VD} 迅速下降，而 V 管电流迅速上升。此过程开关时间很短，可认为瞬间完成。此时电路工作于模式 1，如图 4-3（b）所示。在 V 管接通的 t_1 时间内，V 管流过的电流就是电感电流，若假定这期间 U_o 不变，则电感 L 中的电流直线上升，能量储存于电感中。则有：

$$U_d - U_o = L \frac{I_2 - I_1}{t_1} = L \frac{\Delta I}{t_1}$$
(4-5)

或：

$$t_1 = \frac{(\Delta I)L}{U_d - U_o}$$ (4-6)

（2）工作模式 2（$t_1 = \alpha T \leqslant t \leqslant T$）：

设 $t = t_1$ 时刻，控制 V 关断，电感电流经二极管 VD 续流，此时 VD 导通，电路工作于模式 2，如图 4-3（b）所示。假设此时电感电流 i_o 按线性规律下降，电感释放能量。则有：

$$U_o = \frac{L \Delta I}{t_2}$$ (4-7)

或：

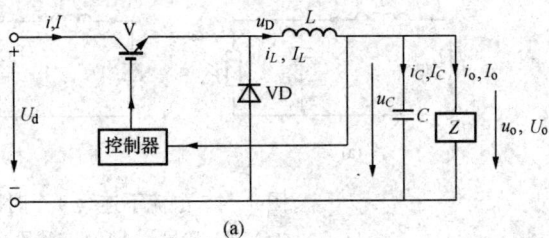

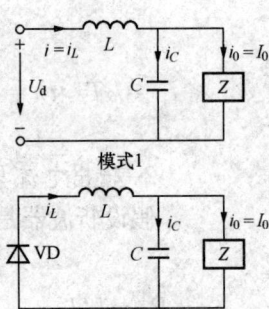

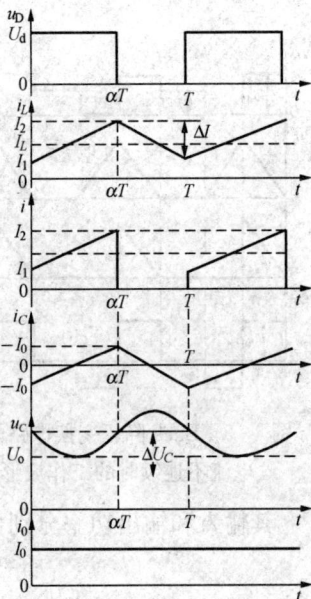

图 4-3 Buck 电路及其波形
（a）电路；（b）工作模式；（c）电流连续时波形

$$t_2 = \frac{(\Delta I)L}{U_o}$$ (4-8)

至一个周期 T 结束，再驱动 V 导通，重复上一个周期的过程。为了使电流连续且脉动小通常使串联的电感 L 值较大，电路工作在稳态时可使负载电流在一个周期的初值和终值相等。电流连续时波形如图 4-3（c）所示。

2. 电感电流不连续

若电路中 L 值较小或负载很轻或开关频率很低时，会发生电感电流 i_L 在一个周期结束前就下降到零的情况。这样，每个周期开始时，i_L 必然从零开始上升。这种情况就是不连续导电模式。

在电流不连续情况下，一个周期分三个时间段。其三个时段的等效电路如图 4-4 所示。电流不连续时的工作波形如图 4-5 所示。

二、主要数量关系

此处只介绍电感电流连续时的数量关系，关于电流不连续时的数量关系读者可参考有关书籍。

1. 输出电压和输入电压的关系

由式（4-5）可得电感上的峰-峰脉动电流为：

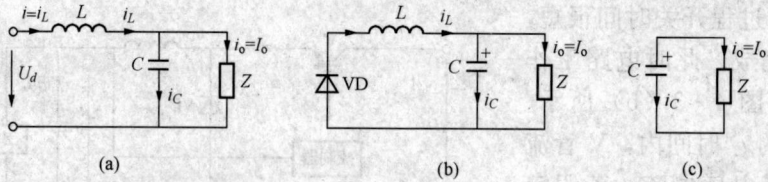

图 4-4　电流不连续 3 个时段的等效电路

（a）第一阶段；（b）第二阶段；（c）第三阶段

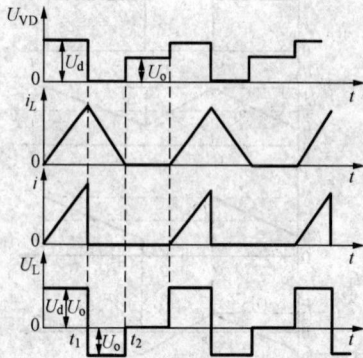

图 4-5　Buck 降压变换电路电感
电流不连续时的工作波形

$$\Delta I = \frac{U_d - U_o}{L} t_1 \qquad (4-9)$$

由式（4-7）又可得：

$$\Delta I = \frac{U_o}{L} t_2 \qquad (4-10)$$

两者相等，故有：

$$\frac{U_d - U_o}{L} t_1 = \frac{U_o}{L} t_2$$

将 $t_1 = \alpha T$，$t_2 = (1-\alpha)T$ 代入上式，整理得：

$$U_o = \alpha U_d \qquad (4-11)$$

2. 输出电流与输入电流的关系

假设斩波器是无损耗的，则有 $P_i = P_o$。

其输入和输出功率分别为：

$$P_i = I_i U_d$$

$$P_o = I_o U_o = \frac{U_o^2}{R}$$

从而有

$$I_i U_d = I_o U_o = I_o \alpha U_d$$

等式两边约去 U_d，则有：

$$I_o = \frac{I_i}{\alpha} \qquad (4-12)$$

3. 电感的纹波电流

由式（4-9）和式（4-10）可得：

$$t_1 = \frac{L \Delta I}{U_d - U_o}$$

及：

$$t_2 = \frac{L \Delta I}{U_o}$$

因此开关时间 T 可表示为：

$$T = \frac{1}{f} = t_1 + t_2 = \frac{(\Delta D)L U_d}{U_o(U_d - U_o)} \qquad (4-13)$$

由式（4-13）可得电感纹波电流表达式为：

$$\Delta I = \frac{U_o(U_d - U_o)}{fL U_d} \qquad (4-14)$$

或：

$$\Delta I = \frac{U_d \alpha(1-\alpha)}{fL} \qquad (4-15)$$

4. 输出纹波电压

因为 $i_L = i_C + i_o$，若假定负载电流 i_o 的脉动电流很小而可忽略，则 $\Delta i_L = \Delta i_C$。因为电容电流一周期的平均值为零，那么在 $t_1/2 + t_2/2 = T/2$ 时间里，电容充电或放电的电荷量为：

$$\Delta Q = \frac{\Delta i_L}{4} \frac{T}{2} \qquad\qquad (4-16)$$

因此，电容上的电压峰-峰脉动值为：

$$\Delta U_C = \frac{\Delta Q}{C} = \frac{\Delta I}{8fC} \qquad\qquad (4-17)$$

将式（4-14）或式（4-15）代入式（4-17）得：

$$\Delta U_C = \frac{U_o(U_d - U_o)}{8LCf^2 U_d} \qquad\qquad (4-18)$$

或：

$$\Delta U_C = \frac{U_d \alpha(1 - \alpha)}{8LCf^2} \qquad\qquad (4-19)$$

根据 ΔI、ΔU_C、f 和上述公式以及其他要求（输入和输出），可大概的确定 L 和 C 值。

从波形图可以看出，要使电感电流不出现不连续的情况，则电流峰-峰脉动值 ΔI 必须大于输出电流的一半。令 $\Delta I = I_o/2$，可得电感电流连续时的电感量临界值：

$$L = \frac{2U_o(U_d - U_o)T}{U_d I_o} \qquad\qquad (4-20)$$

显然，当输入输出电压确定时，负载电流越大，维持电流连续所需的电感量就越大，开关频率越高，电感量也可取得小。当发生电感电流不连续时，输出电压的公式将与上面分析的结果大不相同。

第三节　升 压 斩 波 电 路

在有些便携式设备中，如笔记本电脑，内部不同元器件的工作电压可有多种，而供电电池电压只能是一种规格，这就需要直流电压变换，包括升压变换，以满足各元器件的工作电压要求。

一、升压斩波电路的工作原理

升压斩波电路（Boost Chopper）的原理图及工作波形如图 4-6 所示。电路中 V 为全控型器件电力 MOSFET，也可以是其他器件。在电感电流连续时，该电路也有两种模式或者说每个周期有两个时段，如图 4-6（b）所示。电路的工作波形如图 4-6（c）所示。

本节将只讨论电感电流连续时的工作波形和数量关系。

（1）工作模式 1（$0 \leqslant t \leqslant t_1 = \alpha T$）：

设 $t = 0$ 时刻，导通 V。当 V 处于通态时，VD 关断，电源 U_d 向电感充电，电感中的电流按线性规律从 I_1 上升到 I_2，同时电容 C 上的电压向负载供电，电容上电压 u_C 减小，电容上电流 $i_C = -I_o$（假设负载上的电流基本恒定）。因此：

$$U_d = L \frac{I_2 - I_1}{t_1} = L \frac{\Delta I}{t_1} \qquad\qquad (4-21)$$

或：

$$t_1 = \frac{(\Delta D)L}{U_d} \qquad\qquad (4-22)$$

（2）工作模式 2（$t_1 = \alpha T \leqslant t \leqslant T$）：

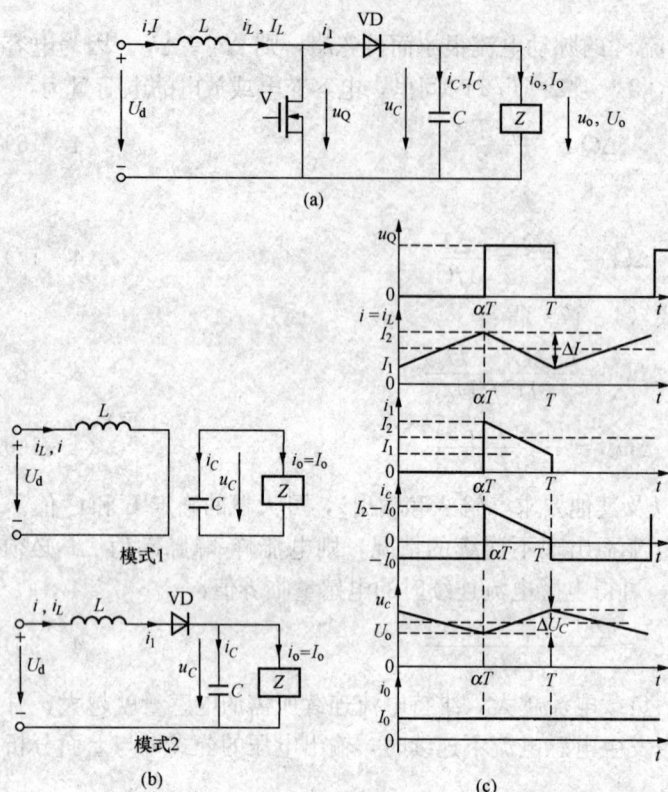

图 4-6　升压斩波电路及其波形
(a) 电路；(b) 工作模式；(c) 波形

设 $t = t_1$ 时刻，关断 V。当 V 处于断态时，VD 导通，U_d 和 L 共同向电容 C 充电，并向负载 R 提供能量。若假定在此期间的电感电流仍按线性规律从 I_2 下降到 I_1，则电容上电压 u_C 增加，电容上电流 $i_C = i_L - I_o$。则有：

$$U_o - U_d = L \frac{\Delta I}{t_2} \qquad (4-23)$$

或：

$$t_2 = \frac{(\Delta I) L}{U_o - U_d} \qquad (4-24)$$

二、主要数量关系

此处只介绍电感电流连续时的数量关系，关于电流不连续时的数量关系读者可参考有关书籍。

1. 输出电压和输入电压的关系

由式 (4-21) 和式 (4-23) 可得：

$$\Delta I = \frac{U_d t_1}{L} = \frac{(U_o - U_d) t_2}{L} \qquad (4-25)$$

将 $t_1 = \alpha T$，$t_2 = (1-\alpha) T$ 代入式 (4-25)，整理得：

$$U_o = \frac{U_d}{1 - \alpha} \qquad (4-26)$$

式 (4-26) 中的 $1 - \alpha \leqslant 1$，输出电压高于电源电压，故称电路为升压斩波电路，也称为 Boost 变换器 (Boost Converter)。当 α 从 0 趋近于 1 时，输出电压从 U_d 变到任意大。$1 - \alpha$ 称为升压比，调节其大小，可改变输出电压 U_o 的大小。将升压比的倒数记作 β，则 $\alpha + \beta = 1$。

因此，式 (4-26) 可表示为：

$$U_o = \frac{1}{\beta} E = \frac{1}{1 - \alpha} E \qquad (4-27)$$

2. 输出电流与输入电流的关系

假设斩波器是无损耗的，则有 $P_i = P_o$。

其输入和输出功率分别为：

$$P_i = I_i U_d$$

$$P_o = I_o U_o = \frac{U_o^2}{R}$$

从而有：

$$I_i U_d = I_o U_o = I_o \frac{U_d}{1-\alpha}$$

等式两边约去 U_d，则有：

$$I_o = I(1-\alpha) \tag{4-28}$$

3. 电感的纹波电流

由式（4-22）和式（4-24）得开关时间 T 可表示为：

$$T = \frac{1}{f} = t_1 + t_2 = \frac{(\Delta I)LU_o}{U_d(U_o - U_d)} \tag{4-29}$$

由式（4-29）可得电感纹波电流表达式为：

$$\Delta I = \frac{U_d(U_o - U_d)}{fLU_o} \tag{4-30}$$

或：

$$\Delta I = \frac{U_d \alpha}{fL} \tag{4-31}$$

4. 输出纹波电压

若假定负载电流 i_o 的脉动电流很小而可忽略，那么在 $[0, t_1]$ 期间，电容上释放的电荷量，反映了电容上电压峰-峰脉动值，即：

$$\Delta U_C = \frac{1}{C}\int_0^{t_1} i_C \mathrm{d}t = \frac{1}{C}\int_0^{t_1} I_o \mathrm{d}t = \frac{I_o t_1}{C} \tag{4-32}$$

由式（4-26）可得：

$$t_1 = \frac{U_o - U_d}{U_o f} \tag{4-33}$$

将式（4-33）代入式（4-32）得：

$$\Delta U_C = \frac{I_o(U_o - U_d)}{Cf U_o} \tag{4-34}$$

或：

$$\Delta U_C = \frac{I_o \alpha}{Cf} \tag{4-35}$$

由式（4-26）可知，升压斩波电路的输出电压 U_o 大于电源电压 E，其主要有两个原因：一是 L 储能后具有使电压泵升的作用，二是电容 C 值较大，可将输出电压保持住。

第四节　升降压斩波电路

升降压斩波电路（Boost-Buck Chopper）主要用于特殊的可调直流电源，这种电源具有一个相对于输入电压公共端为负极性的输出电压，此输出电压可以高于或低于输入电压。

一、升降压斩波电路的工作原理

升降压斩波电路的原理图如图 4-7（a）所示。在电感电流连续时，升降压斩波电路工作于如图 4-7（b）所示的两种模式，同样指每个周期有两个时段。电路的工作波形如图 4-7（c）所示。

（1）工作模式 1（$0 \leqslant t \leqslant t_1 = \alpha T$）：

设 $t=0$ 时刻，导通 V。当 V 处于通态时，VD 反向偏置而关断，电源 U_d 经 V 向电感 L 供电使其贮存能量，电感中的电流按线性规律从 I_1 上升到 I_2，同时电容 C 上的电压向负载

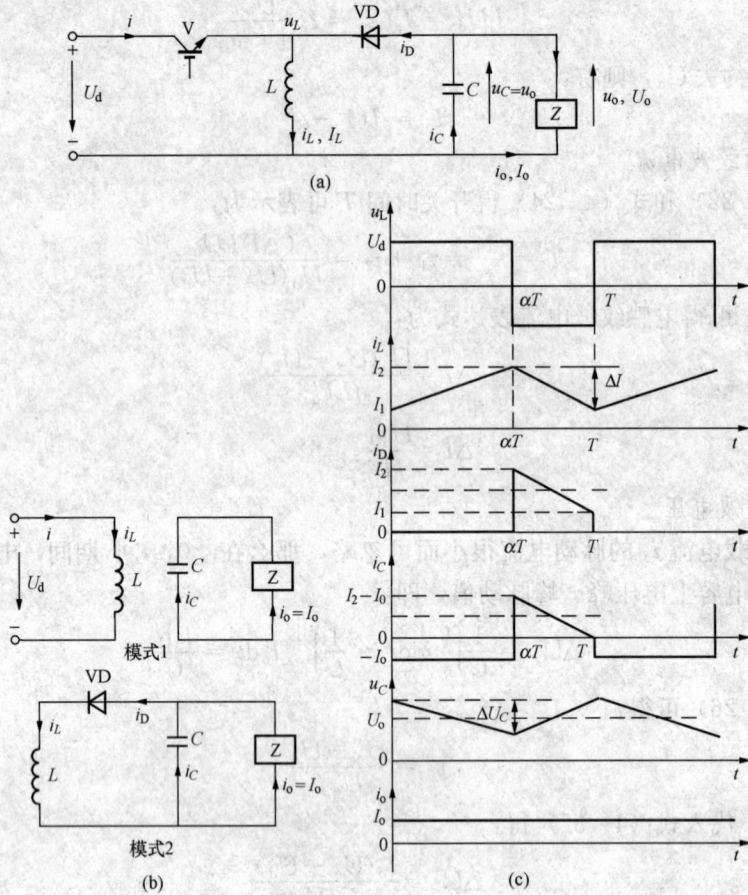

图 4 - 7 升降压斩波电路及其波形

(a) 电路；(b) 工作模式；(c) 波形

供电，电容上电压 u_C 减小，电容上电流 $i_C = -I_o$。（假设负载上的电流基本恒定）。因此：

$$U_d = L\frac{I_2 - I_1}{t_1} = L\frac{\Delta I}{t_1} \qquad (4-36)$$

或：

$$t_1 = \frac{(\Delta D)L}{U_d} \qquad (4-37)$$

（2）工作模式 2（$t_1 = \alpha T \leqslant t \leqslant T$）：

设 $t = t_1$ 时刻，关断 V。当 V 处于断态时，VD 导通，L 向电容 C 充电，并向负载 R 提供能量。因为此时电感电压等于负载电压，而极性为负，电感电流仍按线性规律从 I_2 下降到 I_1，则电容上电压 u_C 增加，电容上电流 $i_C = i_L - I_o$。则有：

$$U_o = -L\frac{\Delta I}{t_2} \qquad (4-38)$$

或：

$$t_2 = -\frac{(\Delta D)L}{U_o} \qquad (4-39)$$

由上述分析可知，负载电压极性为上负下正，与电源电压极性相反，这种电路也称作反极性斩波电路。

二、主要数量关系

此处只介绍电感电流连续时的数量关系，关于电流不连续时的数量关系读者可参考有关书籍。

1. 输出电压和输入电压的关系

由式（4 - 36）和式（4 - 38）可得：

$$\Delta I = \frac{U_d t_1}{L} = \frac{-U_o t_2}{L} \qquad (4 - 40)$$

将 $t_1 = \alpha T$，$t_2 = (1 - \alpha)T$ 代入式（4 - 40），整理得：

$$U_o = -\frac{U_d \alpha}{1 - \alpha} \qquad (4 - 41)$$

从式（4 - 41）可以看出，当 $\alpha < 0.5$ 时，输出电压低于输入电压。当 $\alpha > 0.5$ 时，输出电压高于输入电压。所以此电路是一个升降压电路，也称为 Boost-Buck 变换器（Boost-Buck Converter）。

2. 输出电流与输入电流的关系

假设斩波器是无损耗的，则有 $P_i = P_o$。

其输入和输出功率分别为：

$$P_i = I_i U_d$$

$$P_o = I_o U_o = \frac{U_o^2}{R}$$

从而有：

$$I_i U_d = I_o U_o = I_o \frac{\alpha U_d}{1 - \alpha}$$

等式两边约去 U_d，则有：

$$I_o = \frac{I(1 - \alpha)}{\alpha} \qquad (4 - 42)$$

3. 电感的纹波电流

由式（4 - 37）和式（4 - 39）可得开关时间 T 可表示为：

$$T = \frac{1}{f} = t_1 + t_2 = \frac{(\Delta I)L(U_o - U_d)}{U_d U_o} \qquad (4 - 43)$$

由式（4 - 43）可得电感纹波电流表达式为：

$$\Delta I = \frac{U_d U_o}{fL(U_o - U_d)} \qquad (4 - 44)$$

或：

$$\Delta I = \frac{U_d \alpha}{fL} \qquad (4 - 45)$$

4. 输出纹波电压

若假定负载电流 i_o 的脉动电流很小而可忽略，那么在 $[0, t_1]$ 期间，电容上释放的电荷量，反映了电容上电压峰-峰脉动值，即：

$$\Delta U_C = \frac{1}{C} \int_0^{t_1} i_C dt = \frac{1}{C} \int_0^{t_1} I_o dt = \frac{I_o t_1}{C} \qquad (4 - 46)$$

由式（4 - 41）可得：

$$t_1 = \frac{U_o}{(U_o - U_d)f} \qquad (4 - 47)$$

将式（4 - 47）代入式（4 - 46）得：

$$\Delta U_C = \frac{I_o U_o}{Cf(U_o - U_d)} \qquad (4-48)$$

或：

$$\Delta U_C = \frac{I_o \alpha}{Cf} \qquad (4-49)$$

第五节　Cuk 斩 波 电 路

Cuk 电路也是一种升降压混合电路，其输出电压极性与输入电压极性相反，电路如图 4-8 所示。电路的稳定工作可按图 4-8（b）所示的两种模式进行分析，其工作波形如图 4-8（c）所示。

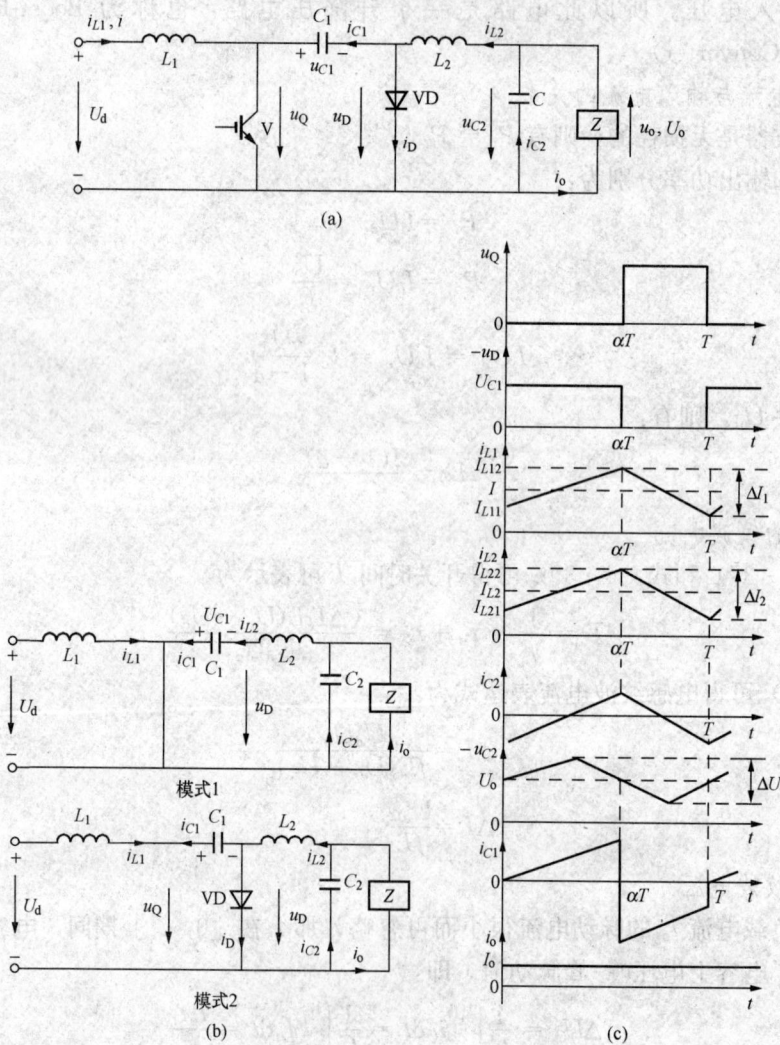

图 4-8　Cuk 电路及其波形
（a）电路；（b）工作模式；（c）波形

一、Cuk 斩波电路的工作原理

（1）工作模式 1 （$0 \leqslant t \leqslant t_1 = \alpha T$）：

设 $t = 0$ 时刻，导通 V。当 V 处于通态时，VD 反向偏置而关断，此时输入电压加在电感 L_1 两端，电感储能，其电流线性增长（从 I_{L11} 到 I_{L12}），即有：

$$U_{\mathrm{d}} = L_1 \frac{I_{L12} - I_{L11}}{t_1} = L_1 \frac{\Delta I_1}{t_1} \tag{4-50}$$

或：

$$t_1 = \frac{(\Delta I_1) L_1}{U_{\mathrm{d}}} \tag{4-51}$$

同时，在此期间，电容 C_1 上的电压使 VD 管反偏置，并且通过负载和电感 L_2 释放能量，负载获得反极性电压。由电路可知，在这种电路结构中，V 管和二极管 VD 是同步工作的，即 V 管导通，VD 截止；V 管截止，VD 则导通。

（2）工作模式 2 （$t_1 = \alpha T \leqslant t \leqslant T$）：

设 $t = t_1$ 时刻，关断 V。当 V 处于断态时，VD 导通，L_1 释放能量，向电容 C_1 充电，电容两端平均电压大于输入电压，所以电感 L_1 电流 i_{L1} 下降，假设仍按线性规律下降（从 I_{L12} 下降到 I_{L11}），则有：

$$U_{\mathrm{d}} - U_{C1} = -L_1 \frac{\Delta I_1}{t_2} \tag{4-52}$$

或：

$$t_2 = \frac{(\Delta I_1) L_1}{U_{C1} - U_{\mathrm{d}}} \tag{4-53}$$

式中：U_{C1} 为电容 C_1 上的平均电压值。

下面分析电感 L_2 中电流的变化情况，假定电感 L_2 中电流的变化也是按线性规律进行的，而且连续，则在 $[0, \alpha T]$ 期间有：

$$U_{C1} - U_{\mathrm{o}} = L_2 \frac{I_{L22} - I_{L21}}{t_1} = L_2 \frac{\Delta I_2}{t_1} \tag{4-54}$$

或：

$$t_1 = \frac{(\Delta I_2) L_2}{U_{C1} - U_{\mathrm{o}}} \tag{4-55}$$

在 $[\alpha T, T]$ 期间有：

$$U_{\mathrm{o}} = -L_2 \frac{\Delta I_2}{t_2} \tag{4-56}$$

$$t_2 = -\frac{(\Delta I_2) L_2}{U_{\mathrm{o}}} \tag{4-57}$$

二、主要数量关系

此处只介绍电感电流连续时的数量关系，关于电流不连续时的数量关系读者可参考有关书籍。

1. 输出电压和输入电压的关系

考虑式（4-50）和式（4-52），则有：

$$\Delta I_1 = \frac{U_{\mathrm{d}} t_1}{L_1} = \frac{(U_{C1} - U_{\mathrm{d}}) t_2}{L_1} \tag{4-58}$$

将 $t_1 = \alpha T$, $t_2 = (1 - \alpha) T$ 代入式（4-58），整理得：

$$U_{C1} = \frac{U_{\mathrm{d}}}{1 - \alpha} \tag{4-59}$$

由式 (4 - 54) 和式 (4 - 56) 可得:

$$\Delta I_2 = \frac{(U_{C1} - U_o)t_1}{L_2} = -\frac{U_o t_2}{L_2} \tag{4 - 60}$$

将 $t_1 = \alpha T$，$t_2 = (1 - \alpha)T$ 代入式 (4 - 60)，整理得:

$$U_{C1} = -\frac{U_o(1 - 2\alpha)}{\alpha} \tag{4 - 61}$$

令式 (4 - 59) 等于式 (4 - 61)，则得:

$$U_o = -\frac{\alpha U_d}{1 - \alpha} \tag{4 - 62}$$

式 (4 - 62) 的结果与 Buck-Boost 电路的是一样的。

2. 输出电流与输入电流的关系

按上节分析可得:

$$I_o = \frac{I(1 - \alpha)}{\alpha} \tag{4 - 63}$$

3. 电感的纹波电流

由式 (4 - 51) 和式 (4 - 53) 可得开关时间 T 可表示为:

$$T = \frac{1}{f} = t_1 + t_2 = \frac{(\Delta I_1)L_1 U_{C1}}{U_d(U_{C1} - U_d)} \tag{4 - 64}$$

由式 (4 - 64) 可得电感 L_1 的纹波电流表达式为:

$$\Delta I_1 = \frac{U_d(U_{C1} - U_d)}{f L_1 U_{C1}} \tag{4 - 65}$$

或:

$$\Delta I_1 = \frac{U_d \alpha}{f L_1} \tag{4 - 66}$$

由式 (4 - 55) 和式 (4 - 57) 可得开关时间 T 可表示为:

$$T = \frac{1}{f} = t_1 + t_2 = \frac{(\Delta I_2)L_2(2U_o - U_{C1})}{U_o(U_{C1} - U_o)} \tag{4 - 67}$$

由式 (4 - 67) 可得电感 L_2 的纹波电流表达式为:

$$\Delta I_2 = \frac{U_o(U_{C1} - U_o)}{f L_2(U_o - U_{C1})} \tag{4 - 68}$$

或:

$$\Delta I_2 = \frac{U_d \alpha}{f L_2} \tag{4 - 69}$$

4. 输出纹波电压

当 V 管关断时，对电容 C_1 的充电电流平均值为 $I_{C1} = I$，故电容 C_1 上电压峰-峰脉动值为:

$$\Delta U_{C1} = \frac{1}{C_1}\int_0^{t_2} i_{C1}\, dt = \frac{1}{C_1}\int_0^{t_2} I\, dt = \frac{I t_2}{C_1} \tag{4 - 70}$$

将 $t_1 = \alpha T$，$t_2 = (1 - \alpha)T$ 代入式 (4 - 70)，整理得:

$$\Delta U_{C1} = \frac{\alpha I U_d}{C_1 f U_o} \tag{4 - 71}$$

或:

$$\Delta U_{C1} = \frac{I(1 - \alpha)}{C_1 f} \tag{4 - 72}$$

若假定负载电流 i_o 的脉动电流可以忽略，即 $\Delta i_{L2} = \Delta i_{C2}$，那么在 $T/2$ 期间，通过 C_2 的

充电电流平均值为 $I_{C2} = \Delta I_2/4$，故有：

$$\Delta U_{C2} = \frac{1}{C_2}\int_0^{T/2} i_{C2}\,\mathrm{d}t = \frac{1}{C_2}\int_0^{T/2}(\Delta I_2/4)\,\mathrm{d}t = \frac{\Delta I_2}{8fC_2} \qquad (4-73)$$

将式（4-69）代入式（4-73）得：

$$\Delta U_{C2} = \frac{\alpha U_d}{8L_2 C_2 f^2} \qquad (4-74)$$

Cuk 电路是借助电容来传输能量的，而 Buck-Boost 电路是借助电感来传输能量的。当 V 导通时，两个电感的电流都要通过它，因此通过 V 管的峰值电流比较大。因为传输能量通过 C_1，所以电容 C_1 中的脉动电流也比较大。

第六节　降压式变换器 SIMULINK 仿真

降压式变换器的电路原理图如图 4-9（a）所示。工作时，可能出现的三种拓扑如图 4-9（b）、（c）和（d）所示。

根据图 4-9 所示的工作拓扑，我们可以很容易得出图 4-10 所示的降压式变换器模型。

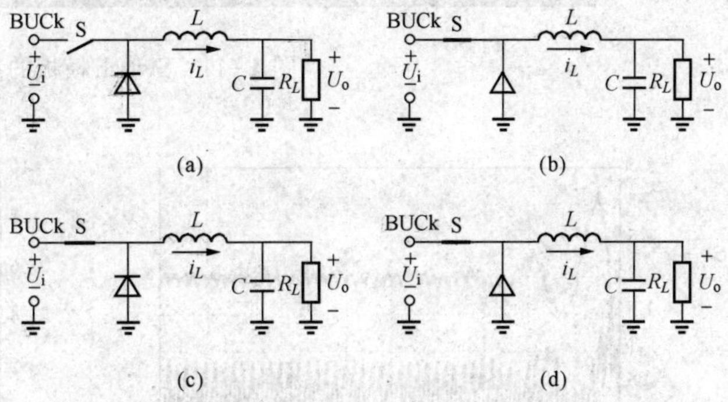

电感电流过零以后，由于不能够变成负值，所以使用了一个 Switch 模板，如图 4-11 所示。Switch 模板设置的参数只有一个 Threshold（阈值），当控制端 2 的值大于或等于 Threshold 时，输入端 1 与输出端连通，否则输入端 3 与输出端连通。这样，在建立降压式变换器模型时，由

图 4-9　降压式变换器的电路原理图及工作拓扑
(a) 电路原理图；(b)、(c)、(d) 工作拓扑

于电感电流过零后将保持零，因此将 Switch 模板的输入端 1 和输入端 2 连接到电感电流的计算值，将输入端 3 接一个零值。

仿真的参数如下：电感 $L=200\mu H$，电容 $C=50pF$，负载电阻 $R=5\Omega$，控制频率 $f=10kHz$。仿真结果如图 4-12 所示。

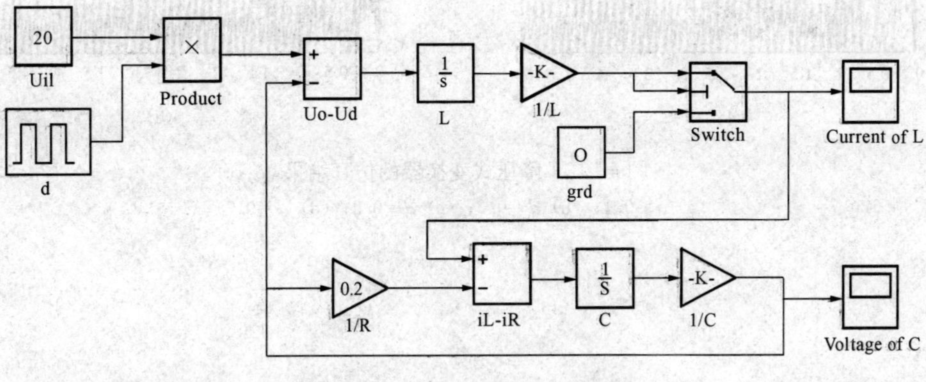

图 4-10　降压式变换器模型图

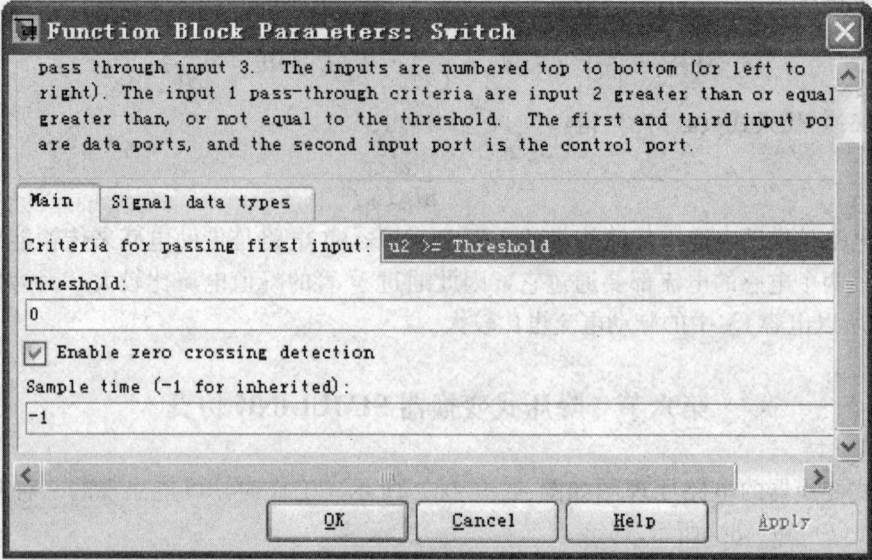

图 4-11 Switch 模板的参数说明

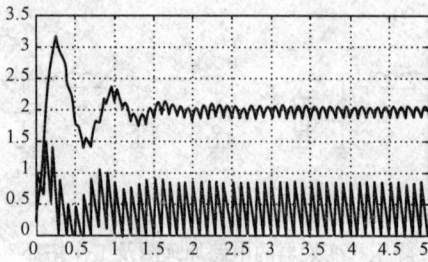

(a)

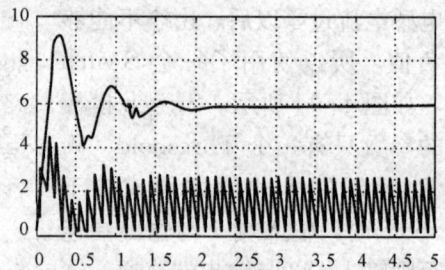

(b)

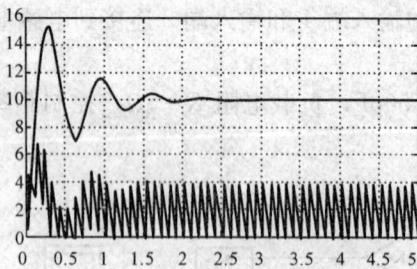

(c)

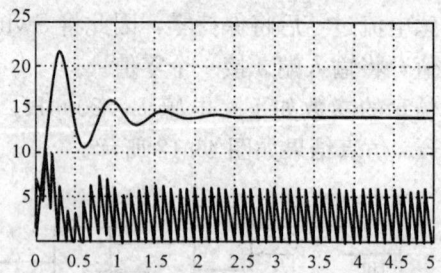

(d)

图 4-12 降压式变换器的仿真结果

(a) $d=0.1$；(b) $d=0.3$；(c) $d=0.5$；(d) $d=0.7$

第五章　DC—AC变换电路

内容提要与目的要求

掌握逆变的概念和逆变的条件；掌握三相有源逆变电路的波形及计算；了解逆变失败的原因及最小逆变角的限制；了解变流电路的换流方式；掌握电压型逆变电路和电流型逆变电路的特点；掌握三相电压型逆变电路、单相并联谐振式逆变电路及串联二极管式电流型逆变电路的工作原理及换流方式；掌握PWM控制方式的理论基础及脉宽调制型逆变电路的控制方式；了解规则采样法的计算方法。重点：三相桥式逆变电路的原理与参数、脉宽调制和谐波消除方法。有源逆变的条件和有源逆变失败的原因。

将直流电转变成交流电，这种对应于整流的逆向过程称为逆变（Invertion）。把直流电逆变成交流电的电路称为逆变电路。

当交流侧接在电网上，即交流侧接有电源时，称为有源逆变。有源逆变电路是将直流电功率返送回电网。有源逆变电路常用于直流可逆调速系统、交流绕线转子异步电动机串级调速及高压直流输电等场合。

当交流侧直接与负载相连时，称为无源逆变。无源逆变是将直流电变为某一频率或可调频率的交流电供给负载。无源逆变电路常用于交流电动机调速用变频器、不间断电源、感应加热电源等场合。此外，它还常用于将蓄电池、干电池、太阳能电池等直流电源逆变为交流电供给交流负载。

第一节　有源逆变的基本原理

对于整流电路而言，当其满足一定的条件时，则可工作于有源逆变状态。为了叙述方便，以下将这种既可工作在整流状态又可工作在逆变状态的整流电路称为变流电路（Convertor）。

一、电能的交换

图 5-1 所示为直流发电机—电动机系统，其中 M 为电动机，G 为发电机，未画出励磁回路。控制发电机电动势的大小和极性，可以实现电动机四象限运行。

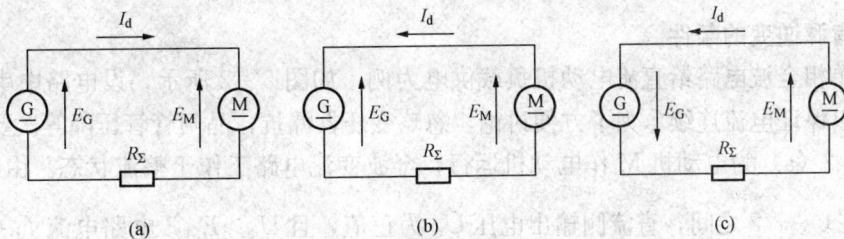

图 5-1　直流发电机—电动机之间电能的交换

(a) 两电动势同极性 $E_G > E_M$；(b) 两电动势同极性 $E_M > E_G$；(c) 两电动势反极性，形成短路

图 5 - 1（a）中，$E_G > E_M$，则电流 I_d 从 G 流向 M，其值为：

$$I_d = \frac{E_G - E_M}{R_\Sigma}$$

式中：R_Σ 为主回路总电阻。由于 I_d 和 E_G 同方向，与 E_M 反方向，因此 G 输出电功率 $P_G = E_G \cdot I_d$，电能由 G 流向 M；M 吸收功率 $P_M = E_M \cdot I_d$，再转变为机械能；R_Σ 上是热耗。

图 5 - 1（b）中是回馈制动状态，此时 M 作发电运转，$E_M > E_G$，则电流 I_d 从 M 流向 G，其值为

$$I_d = \frac{E_M - E_G}{R_\Sigma}$$

此时，I_d 与 E_M 同方向，与 E_G 反方向，因此 M 输出电功率，G 吸收电功率，R_Σ 上是热耗，电能由 M 流向 G。

图 5 - 1（c）中，两电动势顺向串联，向电阻 R_Σ 供电，G 和 M 均输出功率，由于 R_Σ 仅为回路电阻，一般都很小，实际上相当于两电源短路，这种情况在工作中必须禁止发生。

由上述分析，可以得出如下结论：

（1）两电源同极性相连时，电流总是从电动势高的流向电动势低的。电流大小取决于电动势差和回路电阻。

（2）与电流同方向的电动势输出功率，而与电流反方向的电动势吸收功率。

（3）两电源反极性相连时形成短路，应严防发生。

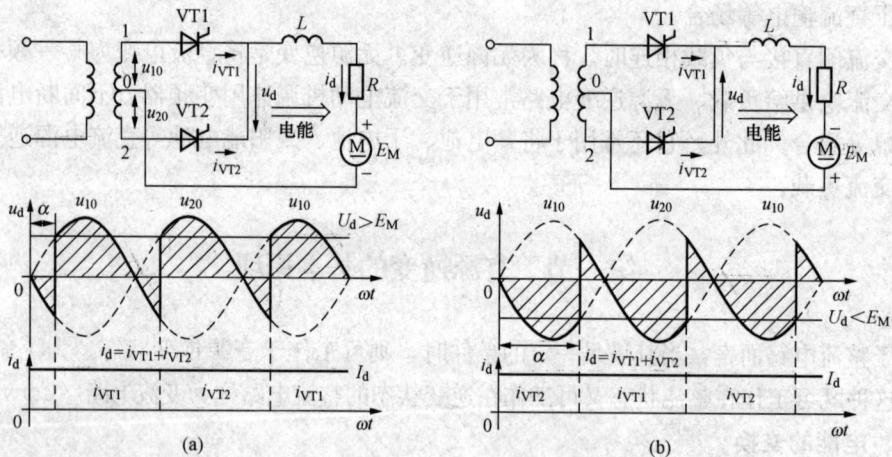

图 5 - 2　单相全波电路的整流和逆变
（a）整流工作状态；（b）逆变工作状态

二、有源逆变的条件

现以单相全波电路给直流电动机负载供电为例，如图 5 - 2 所示，设电路中串入足够大的电感，以保证电流连续。为了方便讨论，忽略变压器漏抗，晶闸管管压降等次要因素。

图 5 - 2（a）为电动机 M 作电动机运行，全波变流电路工作于整流状态。由波形可见，α 的范围在 $0 \sim \pi/2$ 之间，直流侧输出电压 U_d 为正值，且 $U_d > E_M$，电路电流 $I_d = \frac{U_d - E_M}{R_\Sigma}$，方向如图 5 - 2（a）所示。此时交流电网输出功率，电动机输入功率。

图 5 - 2（b）为电动机 M 作发电回馈制动运行，由于晶闸管的单向导电性，电路电流

I_d 的方向不变。为了改变电能的输送方向，电动势 E_M 极性反过来；为防止两电动势顺向串联，U_d 的极性也必须反过来，即 U_d 应为负值，且 $|E_M| > |U_d|$，才能使电能从直流侧送到交流侧，实现逆变。这时 $I_d = \dfrac{E_M - U_d}{R_\Sigma}$。此时电能的流向与整流时相反，电动机输出功率，交流电网吸收功率。

然而，怎样才能使 U_d 的极性反过来呢？从 $U_d = U_{do}\cos\alpha$ 的表达式来看，x 在 $\pi/2 \sim \pi$ 范围内，$U_d < 0$，即正半波面积<负半波面积。虽然晶闸管阳极电位大部分处于交流电压为负的半个周期，但由于有 E_M 的存在，晶闸管仍能承受正向电压而导通。

从上述分析可归纳出产生逆变的条件有两点：

（1）外部条件：要有直流电动势，其极性与晶闸管的导通方向一致，其值应大于直流侧平均电压；

（2）内部条件：要求晶闸管的控制角 $\alpha > \pi/2$，使 U_d 为负值。

两者必须同时具备才能实现有源逆变状态。

必须注意的是，半控桥或带续流二极管的变流电路，由于其整流电压 U_d 不会出现负值，也不允许直流侧有负极性的电动势，因此不能实现逆变。

第二节 有源逆变应用电路

我们知道，整流电路带反电动势、阻感负载时，整流输出电压与控制角 α 之间的关系为 $U_d = U_{do}\cos\alpha$，其中 U_{do} 为 $\alpha = 0$ 时的输出电压平均值。逆变和整流的区别也仅仅在于 α 的不同，$0 < \alpha < \pi/2$ 时电路工作在整流状态，$\pi/2 < \alpha < \pi$ 时电路工作在逆变状态。为了实现逆变，还需满足其外部条件，而其内部条件只要 $\alpha > \pi/2$ 则 U_d 自动变为负值。因此可以用整流工作状态时的分析方法处理逆变波形及参数的问题。

为了分析和计算方便起见，通常把 $\alpha > \pi/2$ 时的控制角用 $\pi - \alpha = \beta$ 表示，β 称为逆变角。控制角 α 是以自然换流点为计量起始点向右度量的，而逆变角 β 是以 $\alpha = \pi$ 作为 $\beta = 0$ 的计量起始点向左度量的。所以 $\alpha + \beta = \pi$ 或 $\beta = \pi - \alpha$。

以下分别以三相半波和三相全控桥式变流电路为例，电路结构形式见第二章，从波形和参数计算两方面进行分析。

一、逆变时的波形

1. 三相半波电路逆变波形

图 5-3 给出了控制角分别为 $\pi/3$、$\pi/2$、$2\pi/3$ 和 $5\pi/6$ 时的输出电压波形和晶闸管 VT1 两端的电压波形。由波形可见，$\alpha < \pi/2$ 的范围内，U_d 波形的正面积大于负面积，则 $U_d > 0$，工作在整流状态，I_d 从 U_d 的正端流出，电网输出功率。$\alpha = \pi/2$ 时，U_d 的正面积等于负面积，处于临界状态。$\alpha > \pi/2$ 的范围内，U_d 波形的正面积小于负面积，则 $U_d < 0$，工作在逆变状态，I_d 从 U_d 的负端流出，电网输入功率。

此外，由晶闸管 VT1 两端的电压波形可以看出，在整流状态，晶闸管阻断时主要承受反向电压；而在逆变状态，晶闸管阻断时主要承受正向电压。

2. 三相全控桥式电路逆变波形

三相全控桥式变流电路当满足相应条件时就可工作于有源逆变状态，此时其对脉冲的要

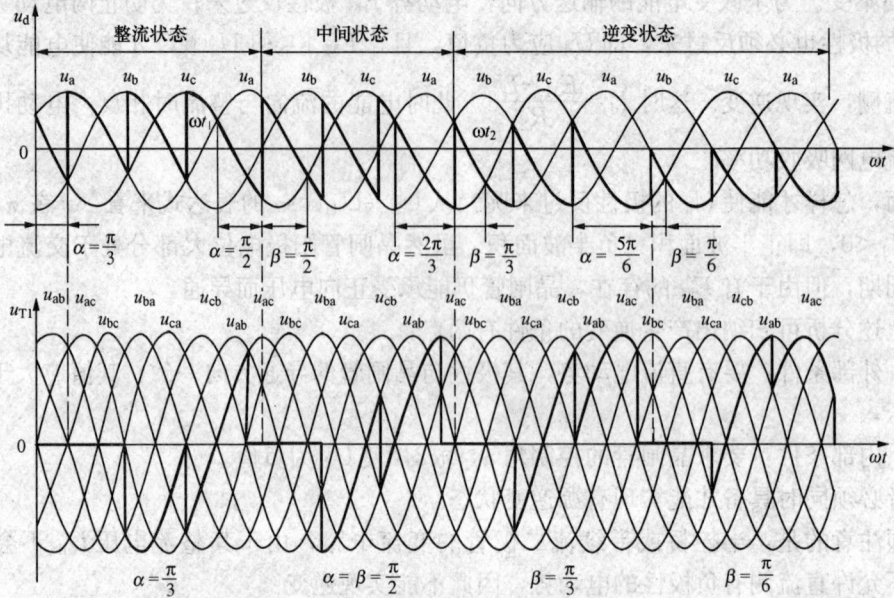

图 5-3　三相半波电路的逆变波形

求和整流时相同。图 5-4 给出了不同逆变角时的输出电压波形，晶闸管两端波形与图 5-3 类似。

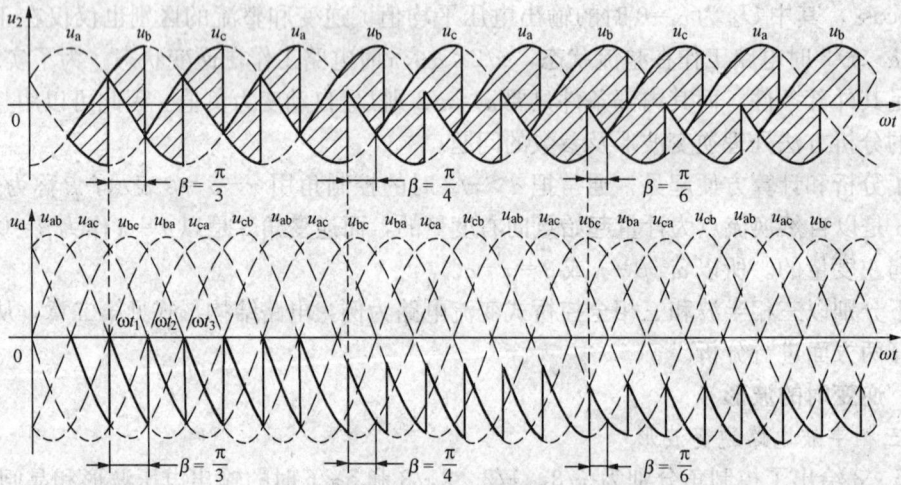

图 5-4　三相全控桥式电路逆变波形

二、参数计算

1. 输出电压平均值计算

输出电压平均值的近似计算和整流时一样。

$$U_d = U_{do}\cos\alpha = U_{do}\cos(\pi - \beta) = -U_{do}\cos\beta \qquad (5-1)$$

式中：U_{do} 表示 $\alpha = 0°$ 时的输出电压平均值，三相半波变流电路 $U_{do} = 1.17U_2$，三相全控桥式变流电路 $U_{do} = 2.34U_2$。

2. 电流计算

输出电流平均值的计算亦可用整流的公式，即：

$$I_d = \frac{U_d - E_M}{R_\Sigma} \tag{5-2}$$

在逆变状态时，U_d、E_M 的极性和整流时相反，均为负值。

每个晶闸管导通 $2\pi/3$，因此流过每个晶闸管的电流平均值、有效值分别为：（设 I_d 波形平直连续）

$$I_{dVT} = \frac{1}{3} I_d \tag{5-3}$$

$$I_{VT} = \sqrt{\frac{1}{3}} I_d \tag{5-4}$$

变压器二次侧电流的有效值为：

三相半波电路：

$$I_2 = I_{VT} = \sqrt{\frac{1}{3}} I_d \tag{5-5}$$

三相全控桥式电路：

$$I_2 = \sqrt{2}\, I_{VT} = \sqrt{\frac{2}{3}} I_d \tag{5-6}$$

3. 功率计算

从交流电源送到直流侧负载的有功功率为：

$$P_d = R_\Sigma I_d^2 + E_M I_d = U_d I_d \tag{5-7}$$

当逆变工作时，E_M、U_d 均为负值，故 P_d 也为负值，表示功率由直流电动势流向交流电源。

4. 逆变时的功率因素

$$\cos\varphi = \frac{P_d}{S} \tag{5-8}$$

式中：$\cos\varphi$ 为负值，表明电路工作在逆变状态。

三、逆变失败的原因

逆变运行时，一旦发生换相失败，外接的直流电源会通过晶闸管电路形成短路，或者直流电动势和变频器的输出平均电压顺向串联，形成很大的短路电流。这种情况称为逆变失败或逆变颠覆。

逆变失败的原因有很多，主要有以下几种情况：

（1）触发电路工作不可靠，不能适时、准确地给各晶闸管分配脉冲，如脉冲丢失、脉冲延迟、脉冲次序颠倒等，致使晶闸管不能正常换相，从而使交流电源电压和直流电动势顺向串联，形成短路。

（2）晶闸管发生故障，应关断时不能关断，应导通时不能导通，造成逆变失败。

（3）交流电源发生缺相或突然消失，由于直流电动势存在，晶闸管仍可导通，直流电动势通过晶闸管电路而使电路短路。

（4）换相的裕量角不足，引起换相失败。

考虑变压器漏抗引起重叠角对逆变电路换相的影响，如图 5-5 所示，由于换相过程中，输出电压是相邻两电压的平均值，故 U_d 要比不考虑变压器漏抗时更低（更负）。以 VT3 和 VT1 的换相过程为例，分析重叠角会给逆变工作带来的不利后果。当 $\beta > \gamma$ 时，换相过程

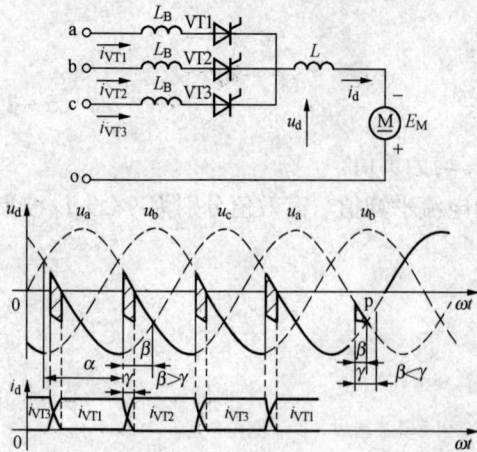

图 5-5　变压器漏抗对逆变电路换相过程的影响

后，a 相电压 U_a 仍大于 c 相电压 U_c，所以换相结束后，VT3 承受反向电压而关断。如果换相的裕量角不足，$\beta < \gamma$ 时，换相尚未结束，电路的工作状态到达 U_a 和 U_c 交点 P 之后，U_c 将高于 U_a，则 VT1 承受反压而关断，应关断的 VT3 承受正向电压而继续导通，且 c 相电压随时间的推迟愈来愈高，电动势顺向串联而导致逆变失败。

因此，为了防止逆变失败，逆变角 β 不能太小，必须限制在某一允许的最小角度内。

四、确定最小逆变角 β_{min} 的依据

逆变时允许采用的最小逆变角 β 应等于：

$$\beta_{min} = \delta + \gamma + \theta' \qquad (5-9)$$

式中：δ 为晶闸管的关断时间 t_q 折合的电角度；γ 为换相重叠角；θ' 为安全裕量角。

（1）晶闸管的关断时间 t_q 一般大的可达 $200 \sim 300 \mu s$，对应的电角度为 $3.6° \sim 5.4°$。

（2）换相重叠角 γ 仍可用下式计算：

$$\cos\alpha - \cos(\alpha + \gamma) = \frac{I_d X_{B'}}{U_m \sin\frac{\pi}{m}} \qquad (5-10)$$

一般，重叠角 γ 仅为 $15° \sim 20°$。

（3）安全裕量角 θ'，考虑脉冲间隔的不均匀，电网电压的波动对触发电路的影响及温度变化等因素的影响，一般取安全裕量角为 $10°$。

这样，最小逆变角 β_{min} 一般取 $30° \sim 35°$。设计逆变电路时必须保证 $\beta \geqslant \beta_{min}$，因此在触发电路中会附加一个保护环节，使脉冲不进入小于 β_{min} 的区域内。

第三节　无源逆变电路

把直流电变成交流电称为逆变，而交流侧直接与负载连接时称为无源逆变。许多情况下不加说明时，逆变电路一般多指无源逆变电路。

一、逆变电路的基本工作原理

以图 5-6 的单相桥式逆变电路为例说明最基本的工作原理。图中 S1～S4 是桥式电路的 4 个臂，它们由电力电子器件及其辅助电路组成。当开关 S1、S4 闭合，S2、S3 断开时，负载电压 U_o 为正；当开关 S1、S4 断开，S2、S3 闭合时，U_o 为负，其波形如图 5-6（b）所示。这样，就把直流电变成了交流电，改变两

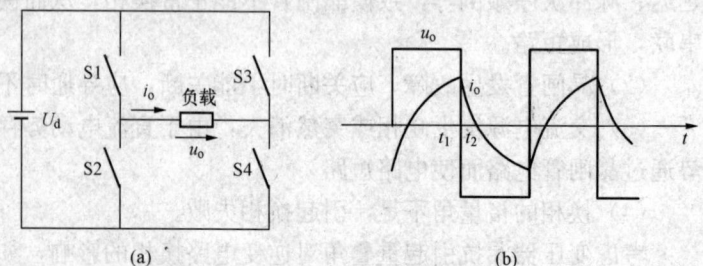

图 5-6　逆变电路及其波形举例
（a）逆变电路；（b）波形

组开关的切换频率，就可改变输出交流电的频率。这就是逆变电路最基本的工作原理。

当负载为纯阻时，其负载电流 i_o 和 u_o 的波形形状相同，相位也相同，当负载为阻感时，i_o 相位应滞后于 u_o，且形状也不相同，图 5-6（b）给出的就是阻感负载时的波形。设 t_1 时刻以前 S1、S4 开通，u_o 和 i_o 均为正。在 t_1 时刻断开 S1、S4，同时合上 S2、S3，则 u_o 的极性立即变为负。但是由于电感中的电流方向不能立刻改变而维持原来方向，这时负载电流从直流电源负极流出，经 S2、负载和 S3 流回正极，负载电感中储存的能量向直流电源反馈，负载电流逐渐减小，到 t_2 时刻降为零，之后 i_o 才反向并逐渐增大。S2、S3 断开，S1、S4 闭合时的情况类似。

二、换流方式分类

在图 5-6 逆变电路工作过程中，在 t_1 时刻出现了电流从 S1 到 S2，S4 到 S3 的转移。这种电流从一个支路向另一个支路转移的过程称为换流（或换相）。换流过程中，有的支路要从通态转移为断态，有的支路要从断态转移为通态。要使支路从断态转变为通态，无论是全控型还是半控型电力电子器件，都只需给控制极适当的信号即可。而要使支路从通态转变为断态，全控型器件可用控制极信号使其关断，半控型器件（晶闸管）则须利用外部条件或采取一定的措施才能关断。一般应在晶闸管电流过零后再施加一定时间的反向电压才能使其关断。由于使器件关断比使器件导通复杂得多，因此研究换流主要是研究如何使器件关断。

应指出的是，换流不只是在逆变电路中才有的概念，在其他电路中都会涉及到换流问题。只是在逆变电路中该问题反映的比较全面和集中。

一般来说，换流方式可分为以下几种：

1. 器件换流

利用全控型器件自身所具有的自关断能力进行换流称为器件换流。例如：采用 GTR、GTO、IGBT、电力 MOSFET 等器件的电路中，所用的换流方式即为器件换流。

2. 电网换流

利用电网提供换流电压称为电网换流，它是利用电网电压自动过零变负的特点，将电网负电压加到欲关断的晶闸管上使其关断。前面学过的整流和有源逆变以及第六章的交流调压和交—交变频电路都采用的是电网换流。这种换流方式比较简单，不需附加任何元件，但不适用于只有直流电源而无交流电网的无源逆变电路。

3. 负载换流

由负载提供换流电压为负载换流。凡是负载电流超前于负载电压的场合，都可以采用负载换流。例如：电容性负载或同步电动机负载（可控制励磁使负载电流的相位超前于反电动势）都可以实现负载换流。

图 5-7（a）是负载换流逆变器的基本电路，其工作波形如图 5-7（b）所示，设在 t_1 时刻前 VT1、VT4 导通，U_o、i_o 均为正。在 t_1 时刻触发 VT2、VT3 导通，则 i_o 为

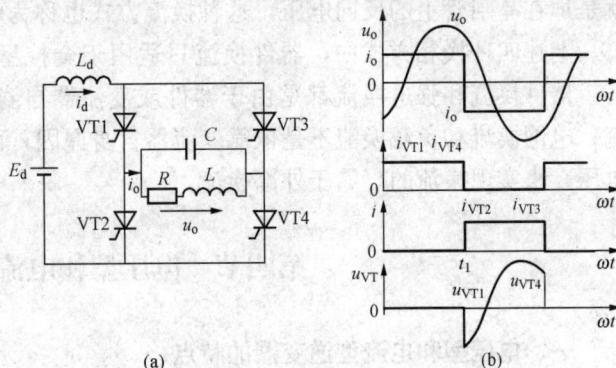

图 5-7 负载换流电路及其波形
(a) 负载换流电路；(b) 波形

负,因是容性负载故 u_o 仍为正,此时 u_o 加到 VT1、VT4 上使其承受反向电压而关断,电流从 VT1、VT4 换到 VT2、VT3 上。电流从 VT2、VT3 换到 VT1、VT4 上的过程与此类似。该电路具体的工作原理见本章第四节。

4. 强迫换流

设置附加的换流电路,给欲关断的晶闸管强迫施加反向电压或反向电流称为强迫换流。强迫换流通常是利用附加电路内的电容所储存的能量实现的,因此也称电容换流。

在强迫换流中,若换流电路中电容直接提供换流电压,则称为直接耦合式强迫换流。图5-8给出了直接耦合式强迫换流的原理图。图中,晶闸管 VT 处于通态时,预先给电容 C 按图中所示极性充电。若合上开关 S,可以使晶闸管 VT 被加上反向电压而关断。这种给晶闸管加上反向电压而使其关断的换流也称为电压换流。

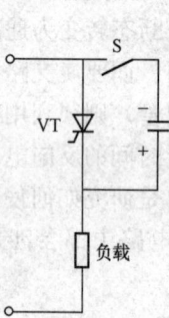

图 5-8　直接耦合
式强迫换流原理图

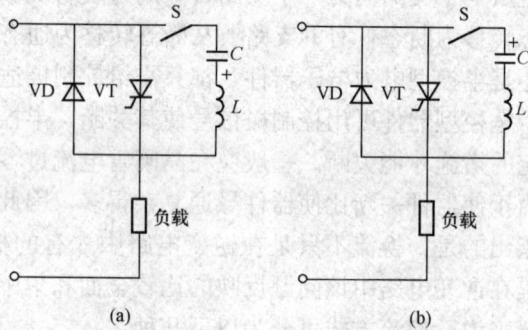

图 5-9　电感耦合式强迫换流原理图
(a) VT 在 LC 振荡的第一个半周期内关断;
(b) VT 在 LC 振荡的第二个半周期内关断

如果通过换流电路中电容和电感的耦合来提供换流电压或换流电流,则称为电感耦合式强迫换流。图5-9给出了两种不同方式的电感耦合式强迫换流原理图。图5-9(a)中晶闸管 VT 在 LC 振荡的第一个半周期内关断,图5-9(b)中的晶闸管 VT 在 LC 振荡的第二个半周期内关断。这是由于晶闸管导通期间,电容 C 所充电压的极性不同。这两种情况下,都是在晶闸管的正向电流减至零且二极管开始流过电流时晶闸管关断,而二极管上的管压降就是加在晶闸管上的反向电压,这种换流方式也称为电流换流。

上述四种换相方式中,器件换流只适用于全控型器件,而其他三种主要针对晶闸管而言。器件换流和强迫换流都是由于器件或变流器自身的原因而实现换流的,他们属于自换流;电网换流和负载换流不是依靠变流器自身原因,而是借助于外部手段(电网电压或负载电压)来实现换流的,属于外部换流。

第四节　电压型和电流型逆变器

一、电压型和电流型逆变器的特点

逆变电路根据直流侧电源性质的不同可分为两种:直流侧是电压源的称为电压型逆变电路,亦称为电压源型逆变电路(Voltage Source Type Inverter—VSTI);直流侧是电流源的称为电流型逆变电路,亦称为电流源型逆变电路(Current Source Type Inverter—CSTI)。

1. 电压型逆变电路的主要特点

(1) 直流侧为电压源，或接有大电容，相当于电压源。直流侧电压基本无脉动，直流回路呈现低阻抗。

(2) 由于直流电压源的箝位作用，交流侧电压波形为矩形波，并且与阻抗角无关。而交流侧电流波形和相位因负载阻抗角而异。

(3) 当交流侧为阻感性负载时需要提供无功功率，直流侧电容起缓冲无功能量的作用。为了给交流侧反馈的无功能量提供通道，逆变桥各臂都并联反馈二极管。

2. 电流型逆变电路的主要特点

(1) 直流侧接有大电感，相当于电流源，直流侧电流基本无脉动，直流回路呈现高阻抗。

(2) 电路中各开关器件主要起改变直流电流流通路径的作用，故交流侧电流波形为矩形波，并且与阻抗角无关。而交流侧电压波形和相位因负载阻抗角而异。

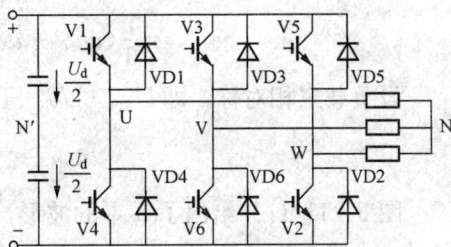

图 5-10 三相电压型桥式逆变电路

(3) 当交流侧为电感性负载时需提供无功功率，直流侧电感起缓冲无功能量的作用。因为反馈无功能量时直流电流并不反向，故不必在桥臂上并联反馈二极管。

二、三相电压型逆变电路

在三相逆变电路中，应用最多的是三相桥式逆变电路。图 5-10 给出了采用 IGBT 作为开关器件的电压型三相桥式逆变电路。

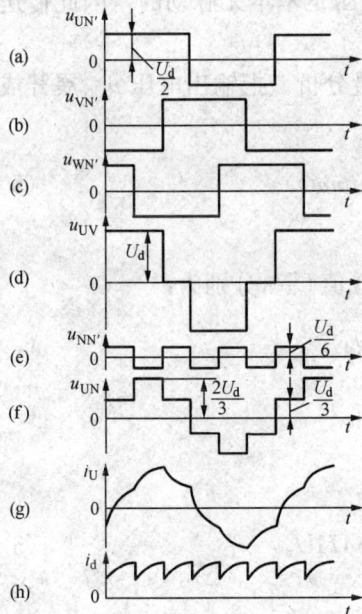

图 5-11 电压型三相桥式逆变电路的工作波形

(a) $u_{UN'}$ 波形；(b) $u_{VN'}$ 波形；(c) $u_{WN'}$ 波形；

(d) u_{UV} 波形；(e) $u_{NN'}$ 波形；(f) u_{UN} 波形；

(g) i_U 波形；(h) u_d 波形；

电压型逆变电路通常直流侧只用一个电容器即可。本电路为了分析方便，图中直流侧串联了两个电容器，并标出了假想中性点 N'。三相电压型逆变电路基本工作方式是 180° 导电方式，即每个桥臂的导电角度为 180°，同一相上下两个臂交替导电，每相开始导电的时间依次相差 120°。这样在任一瞬间，将有三个桥臂同时导通。因为每次换流都是在同一相上下两个臂之间进行的，因此也称为纵向换流。图中 VD1~VD6 是负载向直流侧反馈能量的通道，故称为反馈二极管；又因为 VD1~VD6 起着使负载电流连续的作用，因此称为续流二极管。

下面分析该电路的工作波形。对于 U 相而言，当桥臂 1 导电时，$u_{UN'}=U_d/2$，当桥臂 4 导电时，$u_{UN'}=-U_d/2$。$U_{UN'}$ 的波形是幅度为 $\pm U_d/2$ 的矩形波。V 相和 W 相的情况和 U 相相似，只是相位依次差 120°。$u_{UN'}$、$u_{VN'}$、$u_{WN'}$ 的波形如图 5-11 (a)、(b)、(c) 所示。

负载线电压可由下式求得：

$$\begin{cases} u_{UV} = u_{UN'} - u_{VN'} \\ u_{VW} = u_{VN'} - u_{WN'} \\ u_{WU} = u_{WN'} - u_{UN'} \end{cases} \tag{5-11}$$

图 5-11（d）是依照式（5-11）画出的 u_{UV} 的波形。

设负载中性点 N 和直流电源假想中性点之间的电压为 $u_{NN'}$，则负载各相的相电压可由下式求出：

$$\begin{cases} u_{UN} = u_{UN'} - u_{NN'} \\ u_{VN} = u_{VN'} - u_{NN'} \\ u_{WN} = u_{WN'} - u_{NN'} \end{cases} \tag{5-12}$$

整理可得：

$$u_{NN'} = \frac{1}{3}(u_{UN'} + u_{VN'} + u_{WN'}) - \frac{1}{3}(u_{UN} + u_{VN} + u_{WN}) \tag{5-13}$$

设负载三相对称，即 $U_{VN} + U_{VN} + U_{WN} = 0$，则：

$$u_{NN'} = \frac{1}{3}(u_{UN'} + u_{VN'} + u_{WN'}) \tag{5-14}$$

图 5-11（e）给出了 $u_{NN'}$ 的波形，它是幅度为 $\pm U_d/6$，频率为 $u_{UN'}$ 频率 3 倍的矩形波。同时，由式（5-12）和式（5-14）可以作出 u_{UN} 的波形如图 5-11（f）所示。

当负载参数已知时，可以由 u_{UN} 的波形求出 i_U 波形。负载阻抗角 φ 不同，i_U 的形状与相位也有所不同。图 5-11（g）给出了阻感负载下 $\varphi < \pi/3$ 的 i_U 波形。i_V、i_W 波形形状与 i_U 相同，相位依次相差 120°。把桥臂 1、3、5 的电流加起来，就可得到 i_d 波形，如图 5-11（h）所示。可以看出，i_d 每隔 60° 脉动一次，而直流侧电压是基本无脉动的，因此传送的功率是脉动的。这也是电压型逆变电路的特点。

下面对三相桥式电压型逆变电路的输出电压进行定量分析。把输出电压 u_{UN} 展开成傅里叶级数得：

$$u_{UN} = \frac{2U_d}{\pi}(\sin\omega t + \sum_{n}^{\infty} \frac{1}{n}\sin n\omega t) \tag{5-15}$$

式中：$n = 6k \pm 1$；k 为自然数。

由式（5-15）可得相电压基波幅值 U_{UN1m} 和基波有效值 U_{UN1} 分别为：

$$U_{UN1m} = \frac{2U_d}{\pi} = 0.637U_d \tag{5-16}$$

$$U_{UN1} = \frac{U_{UN1m}}{\sqrt{2}} = 0.45U_d \tag{5-17}$$

相电压的有效值为：

$$U_{UN} = \sqrt{\frac{1}{2\pi}\int_0^{2\pi} u_{UN}^2 \mathrm{d}\omega t} = 0.471U_d \tag{5-18}$$

把输出线电压 U_{UV} 展开成傅里叶级数得：

$$u_{UV} = \frac{2\sqrt{3}U_d}{\pi}\Big[\sin\omega t + \sum_{n}^{\infty} \frac{1}{n}(-1)^k\sin n\omega t\Big] \tag{5-19}$$

式中：$n = 6k \pm 1$，k 为自然数。

则线电压基波幅值 U_{UV1m} 和基波有效值 U_{UV1} 分别为：

$$U_{\text{UV1m}} = \frac{2\sqrt{3}}{\pi}U_\text{d} = 1.1U_\text{d} \tag{5-20}$$

$$U_{\text{UV1}} = \frac{U_{\text{UV1m}}}{\sqrt{2}} = 0.78U_\text{d} \tag{5-21}$$

线电压的有效值 U_{UV} 为：

$$U_{\text{UV}} = \sqrt{\frac{1}{2\pi}\int_0^{2\pi} u_{\text{UV}}^2 \mathrm{d}\omega t} = 0.816U_\text{d} \tag{5-22}$$

在上述 $180°$ 导电方式的逆变器中，为了防止同一相上下两桥臂的开关器件同时导通而引起直流侧电源短路，应采取"先断后通"的方法。即先给应关断的器件关断信号，待其关断后留一定的时间裕量，再给应导通的器件以导通信号，两者之间所留时间称为死区时间。死区时间的长短要视器件的开关速度而定。

三、单相电流型逆变电路

(一) 电路构成

图 5-12 是并联谐振式逆变电路原理图。直流侧串有大电感 L_d，构成电流型逆变电路。电路由四个桥臂构成，每个桥臂由一个晶闸管和一个电抗器串联而成，电抗器 L_T 用来限制晶闸管开通时的 $\mathrm{d}i/\mathrm{d}t$，L_T 之间不存在互感。

该电路是采用负载换相方式工作的，要求负载电流略超前于负载电压，即负载应呈容性。实际负载一般是电磁感应线圈，或等效为 R 和 L 串联。因其功率因数较低，故需并联补偿电容 C。电容 C 和 L、R 构成并联谐振电路，故该电路被称为并联谐振式逆变电路。负载换

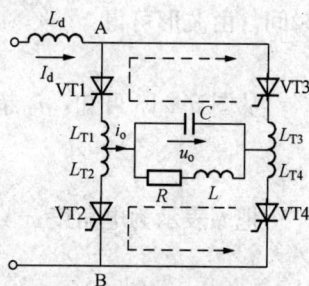

图 5-12 单相桥式电流型
(并联谐振式) 逆变电路

流方式要求负载电流超前于负载电压，因此补偿电容应使负载过补偿，故负载电路总体上工作在容性谐振的情况下。

(二) 工作原理及波形

因为是电流型逆变电路，故其交流输出电流波形接近矩形波，其中包含基波和各奇次谐波，且谐波幅值远小于基波。因基波频率接近负载电路谐振频率，故负载电路对基波呈现高阻抗，而对谐波呈现低阻抗，谐波负载电路上产生的压降很小，因此负载电压波形接近正弦波。

图 5-13 是该逆变电路的工作波形。在交流电流的一个周期内，有两个稳定导通阶段和两个换流阶段。

图中 $t_1 \sim t_2$ 之间为 VT1 和 VT4 的稳定导通阶段，负载电流 $i_\text{o} = I_\text{d}$，近似为恒值，t_2 时刻之前在电容 C 上，即负载上建立了左正右负的电压。

在 t_2 时刻触发 VT2 和 VT3 导通，开始进入换流阶段。由于晶闸管都串有电抗器，故 VT1 和 VT4 在 t_2 时刻不能立刻关断，其上电流有一个减小的过程。同样，

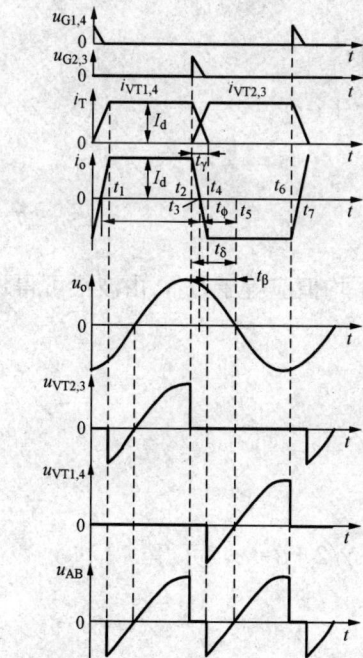

图 5-13 并联谐振式逆变电路工作波形

VT2、VT3 上电流有一个增加的过程。因此 t_2 时刻后，4 个晶闸管全部导通，负载电容电压经两个并联的放电回路同时放电，如图 5 - 12 中虚线所示。在此过程中，VT1、VT4 上电流逐渐减小，VT2、VT3 上电流逐渐增大。当 $t = t_4$ 时，VT1、VT4 上电流减至零而关断，直流侧电流 I_d 全部从 VT1、VT4 上转移至 VT2、VT3 上，换相结束。$t_4 - t_2 = t_\gamma$ 称为换相时间。

晶闸管在其电流下降到零以后，尚需一段时间才能恢复正向阻断能力。因此，换相结束后（在 t_4 时刻），为了保证 VT1、VT4 可靠关断，还应使其承受一段时间的反向电压，这段时间叫反压时间 t_β，$t_\beta = t_5 - t_4$ 应大于晶闸管的关断时间 t_q，如果 VT1、VT4 尚未恢复阻断能力就加上了正向电压，就会重新导通，这样四个晶闸管同时导通，逆变桥处于短路状态，造成逆变失败。

为了保证可靠换相，应在负载电压 u_o 过零前 $t_\delta = t_5 - t_2$ 的时刻去触发。t_δ 称为触发引前时间。由波形可得：

$$t_\delta = t_\gamma + t_\beta \qquad (5 - 23)$$

从图 5 - 13 可知，i_o 超前于 u_o 的时间 t_φ 为：

$$t_\varphi = \frac{t_\gamma}{2} + t_\beta \qquad (5 - 24)$$

把 t_φ 表示为电角度 φ（弧度）可得：

$$\varphi = \omega\left(\frac{t_\gamma}{2} + t_\beta\right) = \frac{\gamma}{2} + \beta \qquad (5 - 25)$$

式中：ω 为电路工作角频率；γ、β 是 t_γ、t_β 对应的电角度；φ 则是负载的功率因数角。

图 5 - 13 中 $t_4 \sim t_6$ 是 VT2、VT3 的稳定导通阶段。t_6 后又进入换相阶段，其过程和前面类似。

（三）数值分析

如果忽略换流过程，i_o 为矩形波。展开成傅里叶级数可得：

$$i_o = \frac{4 I_d}{\pi}\left(\sin\omega t + \frac{1}{3}\sin 3\omega t + \frac{1}{5}\sin 5\omega t + \cdots\right) \qquad (5 - 26)$$

其基波电流有效值 I_{o1} 为：

$$I_{o1} = \frac{4 I_d}{\sqrt{2}\,\pi} = 0.9 I_d \qquad (5 - 27)$$

如果忽略电抗器 L_d 的损耗和晶闸管的管压降，则 u_{AB} 的平均值应等于 U_d，由波形可得：

$$U_d = \frac{1}{\pi}\int_{-\beta}^{\pi-(\gamma+\beta)} u_{AB}\,\mathrm{d}\omega t$$

$$= \frac{1}{\pi}\int_{-\beta}^{\pi-(\gamma+\beta)} \sqrt{2} U_o \sin\omega t\,\mathrm{d}\omega t$$

$$= \frac{2\sqrt{2} U_o}{\pi}\cos\left(\beta + \frac{\gamma}{2}\right)\cos\frac{\gamma}{2}$$

一般情况下 γ 值很小，可近似地认为 $\cos(\gamma/2) \approx 1$，而 $\gamma/2 + \beta = \varphi$，可得：

$$U_d = \frac{2\sqrt{2}}{\pi} U_o \cos\varphi$$

或：

$$U_o = \frac{\pi U_d}{2\sqrt{2}\cos\varphi} = 1.11 \frac{U_d}{\cos\varphi} \qquad (5 - 28)$$

在上述讨论中，为简化分析，认为负载参数不变，其工作频率也是固定的。实际上在感应加热和钢料熔化过程中，感应线圈的参数是随时间而变化的，这时若工作频率固定则无法保证晶闸管的反压时间 t_β 大于关断时间，可能导致逆变失败。因此，为了使电路能正常工作，必须使工作频率能够适应负载的变化而自动调整。将工作频率固定的控制方式称为他励方式。而工作频率能适应负载的变化而自动调制的控制方式称为自励方式。即逆变电路的触发信号取自负载端，其工作频率受负载谐振频率的控制而比后者高一个适当的值。为了保证正常工作，应采用自励控制方式，然而自励方式存在着起动的问题。解决的办法之一是先用他励方式起动电路，系统开始工作后再转入自励方式。另一种方法是附加预充电起动电路，即预先给电容器充电，起动时将电容能量释放到负载上，形成衰减振荡，检测出振荡信号实现自励。

四、三相电流型逆变电路

图 5 - 14 给出了应用较多的串联二极管式晶闸管逆变电路的原理图。这种电路主要用于中大功率交流电动机的调速系统。

由图 5 - 14 可以看出，这是一个电流型三相桥式逆变电路，因其各桥臂晶闸管串联二极管而得名。该电路的基本工作方式是 120°导电方式。即每个臂一个周期内导电 120°，按 VT1～VT6 的顺序每隔 60°依次导通。这样每个时刻上桥臂组的三个臂和下桥臂组的三个臂都有一个臂导通。换流时，是在上桥臂组或下桥臂组内依次换流，为横向换流。各桥臂之间的换流采用的是强迫换流方式，连接于各桥臂之间的电容 $C_1 \sim C_6$ 即为换流电容。下面主要对其换流过程进行分析：

设电路中元件是理想的，滤波电抗为无穷大，逆变器已进入稳定工作状态，换流电容已充上电压，换流电容上所充电压应用如下规律：对于共阳极晶闸管

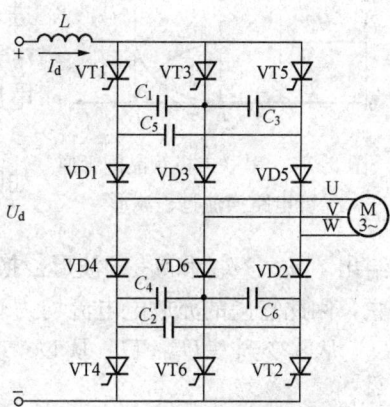

图 5 - 14 串联二极管式晶闸管逆变电路

侧而言，与导通晶闸管相连的电容端极性为正，另一端极性为负，不与导通晶闸管相连的电容器上电压为零。共阴极晶闸管侧的电容上的情况类似，只是电容上的电压极性相反。

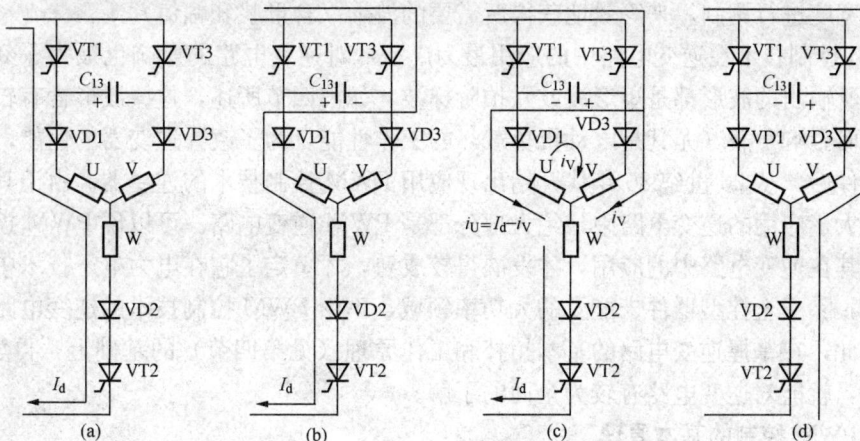

图 5 - 15 换流过程各阶段的电流路径
(a) 换流前；(b) 恒流放电阶段；(c) 二极管换流阶段；(d) 稳定导通阶段

图 5-15 给出了从晶闸管 VT1 向 VT3 换流时各阶段的电流路径，C_{13} 为 C_3 和 C_5 串联后再和 C_1 并联的等效换流电容。设 $C_1 \sim C_6$ 的电容量均为 C，则 $C_{13} = 3C/2$。假设换流前 VT1、VT2 导通，C_{13} 上的电压 U_{C0} 左正右负，如图 5-15（a）所示。

设 t_1 时刻给 VT3 以触发脉冲，由于 C_{13} 电压的作用，使 VT3 导通，而 VT1 被施以反向电压而关断。这时直流电流 I_d 从 VT1 换到 VT3 上，C_{13} 通过 VD1、U 相负载、W 相负载、VD2、直流电源和 VT3 放电，如图 5-15（b）所示。因其放电电流恒为 I_d，故称恒流放电阶段。在 C_{13} 电压 $U_{C_{13}}$ 下降到零之前，VT1 一直承受反压，只要反压时间大于关断时间 t_q，就能保证可靠关断。

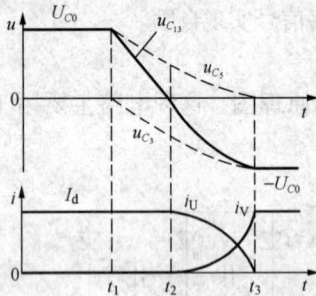

图 5-16　串联二极管晶闸管逆
变电路换流过程波形

设 t_2 时刻 C_{13} 降到零，之后在 U 相负载电感作用下，开始对 C_{13} 反向充电。如忽略负载中电阻的压降，则在 t_2 时刻 $U_{C_{13}} = 0$ 后，二极管 VD3 正向偏置而导通，开始流过电流 i_V，而 VD1 流过的充电电流为 $i_U = I_d - i_V$，两个二极管同时导通，进入二极管换流阶段，如图 5-15（c）所示。i_V 逐渐增大，i_U 逐渐减小，设到 t_3 时刻 i_U 减至零，$i_V = I_d$，VD1 承受反向电压而关断，二极管换流阶段结束。

t_3 时刻以后，进入 VT2、VT3 稳定导通阶段，电流路径如图 5-15（d）所示。

图 5-16 给出了电感负载时 $u_{C_{13}}$、i_U 和 i_V 的波形图，并给出了 u_{C_1}、u_{C_3} 和 u_{C_5} 的波形。换流过程中，u_{C_1} 从 U_{C0} 降为 $-U_{C0}$。C_3 和 C_5 串联后再和 C_1 并联，因此它们的充放电电流均为 C_1 的一半，电压变化的幅度也是 C_1 的一半。换流过程中，U_{C_3} 从零变到 $-U_{C0}$，U_{C_5} 从 U_{C0} 变为零，为下次换流准备好条件。

第五节　脉宽调制（PWM）型逆变电路

一、概述

PWM（Pulse Width Modulation）控制就是对脉冲宽度进行调制的技术。即通过对一系列脉冲的宽度进行调制，来等效地获得所需要的波形（含形状和幅值）。

PWM 控制技术在逆变电路中的应用最为广泛，对逆变电路的影响也最为深刻。早期的逆变电路所输出的波形都是矩形波或六拍阶梯波，如第四节所述，这些波形含有较大的谐波成分，从而影响负载（尤其是电动机负载）的工作性能。为了改善逆变器的性能，在出现了全控型器件后，从 20 世纪 80 年代开始出现应用 PWM 控制技术的逆变器。由于其优良的性能，现在大量应用的逆变电路中，绝大部分都是 PWM 逆变电路。可以说 PWM 控制技术正是依赖于其在逆变电路中的应用，才发展得较成熟，才奠定了它在电力电子技术中的重要地位。目前，除了全控型器件未能及的大功率领域，不用 PWM 控制技术的逆变电路已经很少见了。因此，在掌握逆变电路的基本拓扑和工作原理（见第四节）的基础上，再学习 PWM 控制技术，就能对逆变电路有较为全面的了解。

二、PWM 控制的基本原理

（一）面积等效原理

PWM 控制技术的理论基础是面积等效原理，即冲量（面积）相等而形状不同的窄脉冲加在具有惯性的环节上时，其效果（环节的输出响应波形）基本相同。例如：如图 5-17 所示的三个窄脉冲形状不同，其中图 5-17（a）为矩形脉冲，图 5-17（b）为三角形脉冲，图 5-17（c）为正弦半波脉冲，但其面积（即冲量）都等于 1，图 5-17（d）为单位脉冲函数 $\delta(t)$。当它们分别作为图 5-18（a）具有惯性环节的 $R—L$ 电路的输入时，设其电流 $i(t)$ 为电路的输出。5-18（b）给出了不同窄脉冲时 $i(t)$ 的响应波形。由图中波形可知，在 $i(t)$ 的上升段，脉冲波形不同 $i(t)$ 的波形也略有不同，但其下降段则几乎完全相同。而且脉冲越窄则其输出响应波形的差异也越小。如果是周期性的施加上述脉冲，则其响应波形也是周期性的。用傅里叶级数分解后可以看出，各 $i(t)$ 在低频段的特性将非常接近，仅在高频段有所不同。

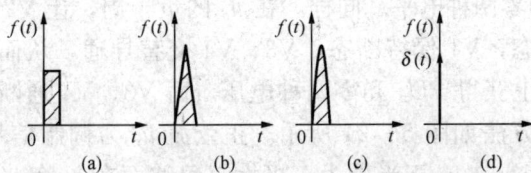

图 5-17 形状不同而冲量相同的各种窄脉冲
(a) 矩形脉冲；(b) 三角形脉冲；(c) 正弦半波脉冲；(d) 单位脉冲函数

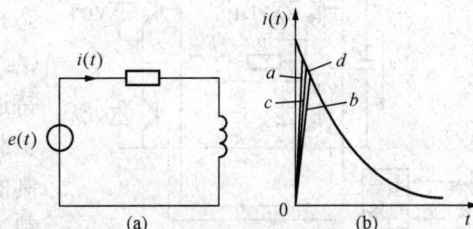

图 5-18 冲量相同的各种窄脉冲的响应波形
(a) $R—L$ 电路；(b) 响应波形

（二）正弦波脉宽调制（SPWM）

把图 5-19（a）的正弦半波分成 N 等分，则可将正弦半波看成由 N 个彼此相连的脉冲序列所组成的波形。这些脉冲宽度相等，都等于 π/N，但幅度不等，且脉冲顶部不是水平直线，而是曲线，各脉冲的幅度按正弦规律变化。如果把上述脉冲序列用相同数量的等幅而不等宽的矩形脉冲代替，使矩形脉冲的中点和相应正弦波部分的中点重合，且使矩形脉冲和相应的正弦波部分面积相等，则得到如图 5-19（b）所示的脉冲序列。这就是 PWM 波形。可见该波形的各脉冲幅度相等而其宽度是按正弦规律变化的。根据面积等效原理，该波形和正弦半波是等效的。对于正弦波的负半周可用同样的方法获得 PWM 波形。像这种脉冲的宽度按正弦规律变化而和正弦波等效的 PWM 波形，也称 SPWM（Sinusoidal PWM）波形。

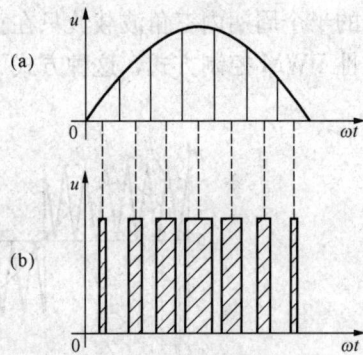

图 5-19 用 PWM 波代替正弦半波
(a) 正弦半波；(b) PWM 波形

要改变等效输出的正弦波幅值时，只需按同一比例系数改变上述各脉冲的宽度即可。

三、脉宽调制型逆变电路及其控制方法

（一）调制法产生 PWM 波形

根据 PWM 的基本原理，如果给出了逆变电路的正弦波输出频率、幅值和半个周期内的周波数，PWM 波形中各脉冲的宽度和间隔就可以准确计算出来。按照计算结果控制逆变电路中各开关器件的通断，就可以得到所需要的 PWM 波形。这种方法称之为计算法。可以看出，计算法很繁琐，而且当希望输出的正弦波频率、幅值或相位变化时，结果都要变化。

与计算法相对应的是调制法。将希望输出的波形作为调制波（Modulation Wave），把接受调制的信号作为载波（Carrier Wave），当调制波和载波相交时，由它们的交点确定逆变器开关的通断时刻，从而获得宽度正比于信号波幅度的脉冲。当调制波为正弦信号时，所得到的即为正弦脉宽调制波（SPWM 波形）。当调制波不是正弦信号时，也能得到与之等效的 PWM 波。另外，通常采用等腰三角波或锯齿波作为载波，其中等腰三角波应用最多。

下面结合具体的单相、三相逆变电路对调制法作进一步说明。

1. 单相桥式 PWM 逆变电路

图 5-20 是采用 IGBT 作为开关器件的单相桥式电压型逆变电路。设负载为阻感负载，工作时 V1 和 V2 的通断状态互补，V3 和 V4 的通断状态也互补。具体控制规律如下：在输出电压 u_o 的正半周，让 V1 保持通态，V2 保持断态，V3、V4 交替导通，从而负载输出电压 u_o 获得 U_d 和零两种电平。同样，在 u_o 的负半周，让 V2 保持通态，V1 保持断态，V3、V4 交替导通，从而在负载上获得 $-U_d$ 和零两种电压。而 V3、V4 通断控制的方法如图 5-21 所示。正弦波 u_r 为调制信号，载波 u_C 在 u_r 正半周为正极性三角波而在 u_r 负半周为负极性的三角波。在 u_r 和 u_C 的交点时刻控制 IG-BT 的通断。在 u_r 的正半周，V1 保持通态，V2 保持断态，当 $u_r > u_C$ 时使 V4 导通，V3 关断，$u_o = U_d$；当 $u_r < u_C$ 时使 V4 关断，V3 导通，$u_o = 0$。在 u_r 的负半周，V1 保持断态，V2 保持通态，当 $u_r < u_C$ 时使 V3 导通，V4 关断，$u_o = -U_d$；当 $u_r > u_C$ 时使 V3 关断，V4 导通，$u_o = 0$。这样，就得到了 SPWM 波形 u_o。图中 u_{of} 表示 u_o 中的基波分量。像这种在 u_r 的半个周期内三角波载波只在正极性或负极性一种极性范围内变化，这种控制方式称为单极性 PWM 控制方式，这种方式下的 PWM 波形也只在单个极性范围变化。

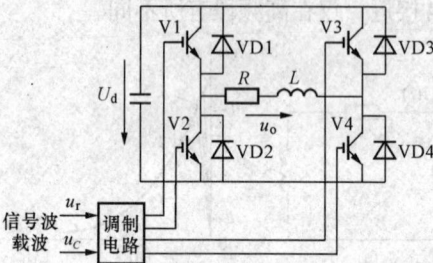

图 5-20 单相桥式 PWM 逆变电路

图 5-21 单极性 PWM 控制方式波形　　图 5-22 双极性 PWM 控制方式波形

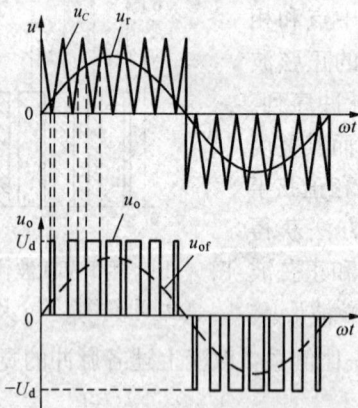

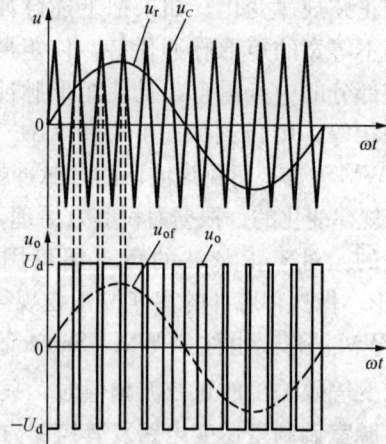

与单极性 PWM 控制方式相对应的是双极性控制方式。双极性控制方式是指在 u_r 的半个周期内，三角波载波在正、负极性之间连续变化，其获得的 PWM 波也在正、负极性间变化。图 5-20 的单相桥式 PWM 逆变电路在采用双极性控制方式时的波形如图 5-22 所示。在 u_r 的一个周期内，输出的 PWM 波只有 $\pm U_d$ 两种电平，而不像单极性控制方式时还有零电平。双极性 PWM 控制方式仍然是在调制波 u_r 和载波 u_C 的交点控制各 IGBT 的通断。在 u_r 的正负半周对各 IGBT 的控制规律相同，即当 $u_r > u_C$ 时给 V2 和 V3 关断信号，V1 和 V4

导通信号，则输出电压 $u_o = U_d$。当 $u_r < u_C$ 时，给 V2 和 V3 导通信号，V1 和 V4 关断信号，则输出电压 $u_o = -U_d$。

由此可见，单相桥式逆变电路既可采用单极性调制，也可采用双极性调制，但其对开关器件通断控制的规律不同，其波形也不相同。

2. 三相桥式 PWM 逆变电路

三相桥式 PWM 逆变电路一般都采用双极性控制方式，图 5-23 给出的是三相桥式 PWM 逆变电路原理图。图中 N 为电动机三相绕组的中性点，N′ 为直流电源正负极性的中性点。在主电路器件的不同开关状态下，N 和 N′ 间的电位经常是不同的。U、V 和 W 三相的 PWM 控制通常共用一个三角波载波 u_C，三相调制信号 u_{rU}、u_{rV}、u_{rW} 依次相差 120°。U、V、W 三相上的开关器件

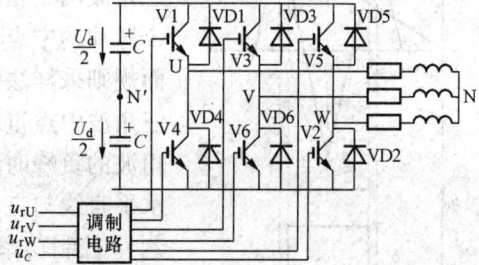

图 5-23 三相桥式 PWM 逆变电路

的通断控制规律相同，以 U 相为例说明。当 $u_{rU} > u_C$ 时，给 V1 导通信号，V4 关断信号，则 $u_{UN}' = U_d/2$。当 $u_{rU} < u_C$ 时，给 V1 关断信号，V4 导通信号，则 $u_{UN}' = -U_d/2$。V1、V4 的驱动信号始终是互补的。V 相和 W 相的控制方法和 U 相相同。电路的波形如图 5-24 所示。由图中可以看出，u_{UN}'、u_{VN}' 和 u_{WN}' 分别是 U 相、V 相、W 相三相输出和电源中性点 N′ 之间的相电压波形，它们均为矩形波，且都只有 $\pm 1/2 U_d$ 两种电平。而 $u_{UV} = u_N' - u_{VN}'$ 为输出线电压的波形，它由 $\pm U_d$、0 三种电平组成。u_{UN} 是 U 相输出和电动机中性点 N 之间的输出相电压（负载相电压）波形，它由 $\pm 2/3 U_d$、$\pm 1/3 U_d$、0 共五种电平组成。

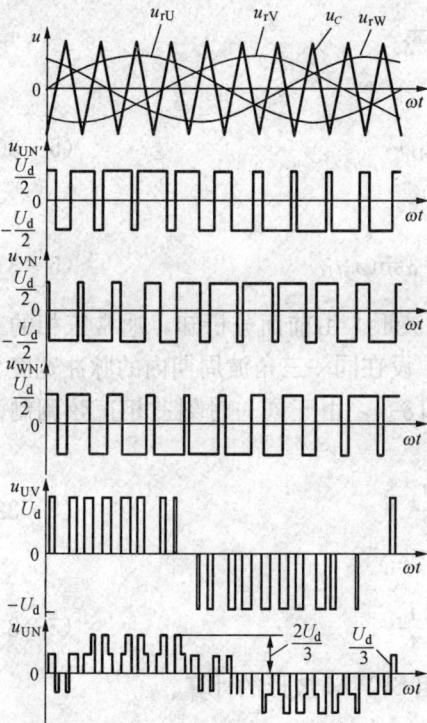

图 5-24 三相桥式 PWM 逆变电路波形

在上面的讨论中，我们认为逆变器中的开关器件为理想开关，也就是说，它们的导通和关断都随着驱动信号同时地、无滞后地完成。而实际上，功率开关元件均不可能是理想开关，其导通和关断都需要一定的时间。而电压型逆变电路中，上下两桥臂的开关元件是互补工作的，为了防止上下两桥臂直通而造成短路，必须在同一相上、下两个桥臂通断切换时留一小段给上、下两桥臂都施加关断信号的死区时间（或称时滞）。死区时间的长短因开关器件不同而异，一般对 BJT 可选 $10 \sim 20 \mu s$，对 IGBT 为 $2 \sim 5 \mu s$。死区时间的存在显然会使输出的 PWM 波形稍稍偏离正弦波。

（二）规则采样法

在模拟电子电路中采用正弦波发生器、三角波发生器和比较器来实现上述的 PWM 控制，改成数字控制后，开始时只是把同样的方法数字化，即在正弦波和三角波的自然交点处控制功率开关器件的通断，称作"自然采样法"。自然采样法是最基本的方法，所得到的 SP-

WM 波形也很接近正弦波，但这种方法运算比较复杂，在采用微机控制时需花费大量的时间，难以实现实时控制，目前在工程上实际应用不多。

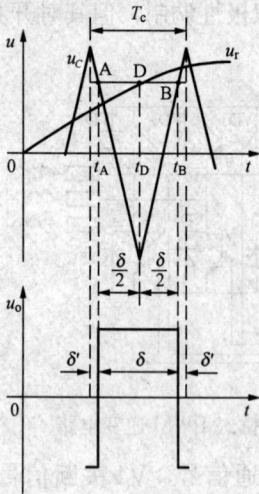

图 5 - 25　规则采样法

在工程上更实用的是简化的规则采样法，其效果接近自然采样法，而运算量则要小得多，图 5 - 25 为规则采样法说明图。取三角波两个正峰值之间为一个采样周期 T_c。在自然采样法中，每个脉冲的中点并不和三角波一个周期中点（即负峰值点）重合。而规则采样法使两者重合，也就是使每个脉冲的中点都与对应的三角波中点重合，从而使计算大为减化。如图 5 - 25 所示，在三角波的负峰时刻 t_D 对正弦信号波采样而得到 D 点，过 D 点作一水平直线与三角波分别交于 A、B 点，在 A 点时刻 t_A 和 B 点时刻 t_B 控制功率开关器件的通断。由图可见，用规则采样法获得的脉冲宽度 δ 和用自然采样法得到的脉冲宽度非常接近。

设正弦调制信号为：

$$u_r = \alpha \sin \omega_r t \qquad (5 - 29)$$

式中：α 称为调制度，$0 \leqslant \alpha < 1$，$\alpha = U_{rm}/U_{cm}$；ω_r 为正弦信号角频率。由图 5 - 25 可得如下关系式：

$$\frac{1 + \alpha \sin \omega_r t_D}{\delta/2} = \frac{2}{T_c/2}$$

从而可得：

$$\delta = \frac{T_c}{2}(1 + \alpha \sin \omega_r t_D) \qquad (5 - 30)$$

在三角波的一个周期内，脉冲两边的间隙宽度 δ' 为：

$$\delta' = \frac{1}{2}(T_c - \delta) = \frac{T_c}{4}(1 - \alpha \sin \omega_r t_D) \qquad (5 - 31)$$

对于三相桥式逆变电路而言，应形成三相 SPWM 波形。由前面分析知，通常三相的三角波载波是公用的，三相正弦波的相位依次相差 120°。设在同一三角波周期内的脉冲宽度分别为 δ_U、δ_V 和 δ_W，脉冲两边的间隙宽度为 δ_U'、δ_V' 和 δ_W'，由于同一时刻三相正弦调制波的电压之和为零，由式（5 - 29）可得：

$$\delta_U + \delta_V + \delta_W = \frac{3T_c}{2} \qquad (5 - 32)$$

同时，由式（5 - 30）得：

$$\delta_U' + \delta_V' + \delta_W' = \frac{3T_c}{4} \qquad (5 - 33)$$

利用式（5 - 31）与式（5 - 32）可以简化生成三相 SPWM 波形的计算。

第六节　三相电压源型 SPWM 逆变器的仿真

三相电压源型 SPWM 逆变器是在通用变频器中使用最多的，用 SIMULINK 模块仿真三相电压源型 SPWM 逆变器很方便，使用模型库的多功能桥模块（Universal Bridge）和 PWM 脉冲发生器（PWM Generator）就能实现。三相电压源型 SPWM 逆变器的仿真模型如图 5-26 所示。

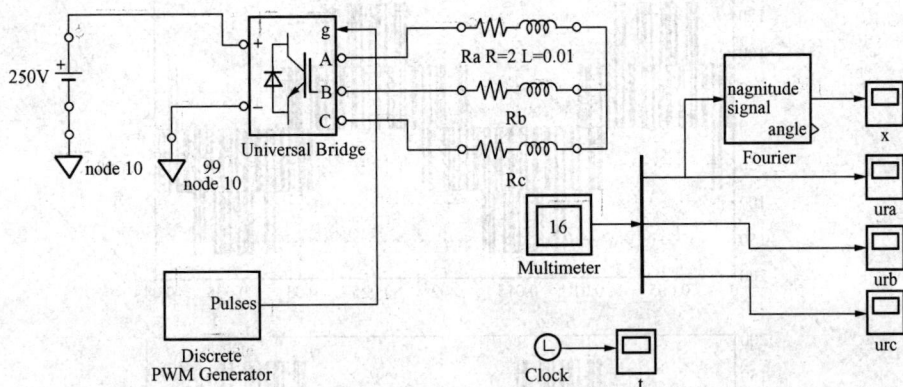

图 5-26　三相 SPWM 逆变器仿真模型

SPWM 逆变器模型的参数设置如图 5-27 所示。把多功能桥设为三相桥臂，三相在输出端，开关器件选择 IGBT，并在测量中选择电压和电流，以便多路测量器（Multimter）观测 IGBT 承受的电压和电流，为选择 IGBT 参数提供依据。IGBT 的驱动信号由 PWM 信号发

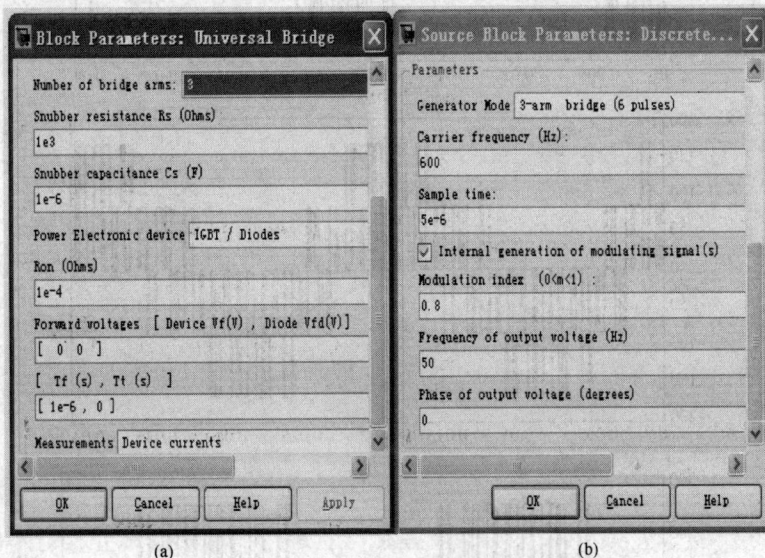

图 5-27　SPWM 逆变器模型的参数设置

(a) 多功能桥对话框；(b) PWM 发生器对话框

生器产生，在发生器对话框中，选择了内产生调制信号方式，当然也可以采用外调制信号输入方式，这时需要外加三相正弦调制信号。选择三角波频率仅为 600Hz，这样观察电压波形比较清楚，实用频率要高得多。

图 5-28 (a) ～5-28 (c) 所示为逆变器输出的三相相电压波形，图 5-28 (d) 所示为逆变器输出的线电压波形（bc 相）。图 5-29 (a) 所示为逆变器输出的三相电流波形，图 5-29 (b)所示为逆变器 a 相上桥臂 IGBT（VT1）和与之反并联二极管（VD1）的电流，通过多功能模块观察的电流波形为一相桥臂的电流，该电流包括 IGBT 和二极管的电流两部分，因此该电流正向部分是通过 IGBT 的电流，反向部分为二极管的电流。图 5-29 (c) 所示为一个周期中（0.025～0.033ms）通过 IGBT 电流的有效值。图 5-29 (d) 和图5-29 (e)

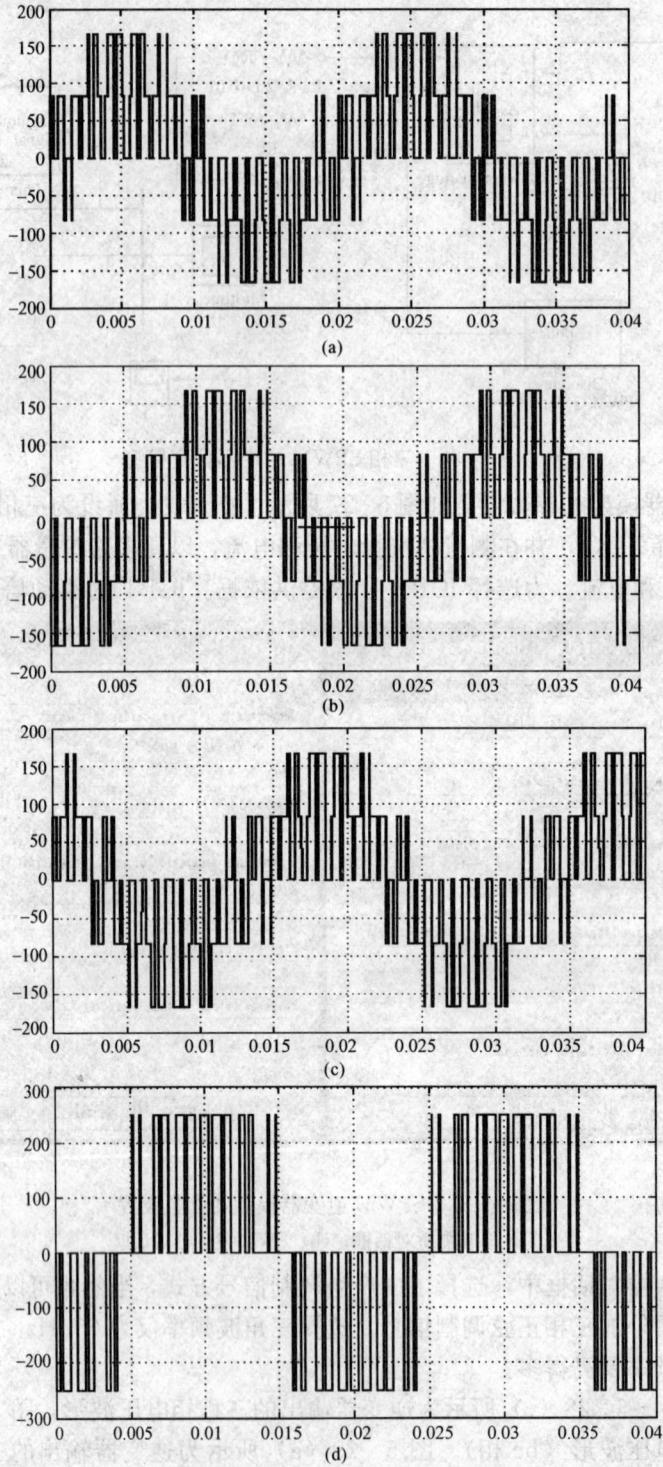

图 5 - 28　三相 SPWM 逆变器输出电压波形

(a) 逆变器输出 a 相电压波形；(b) 逆变器输出 b 相电压波形；(c) 逆变器输出 c 相电压波形；(d) 逆变器输出线电压波形

所示分别为输出相电压的基波电压有效值和 IGBT（VT1）承受的电压波形。通过 IGBT 承受的电压和电流，加上一定的裕量，可以选择 IGBT 的电压和电流参数。

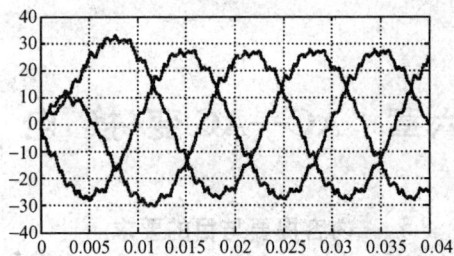

(a)

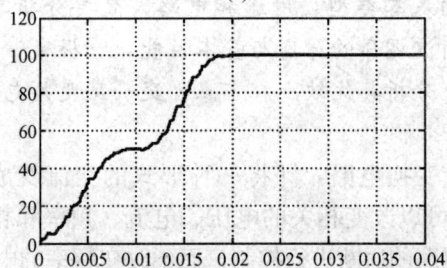

(b)

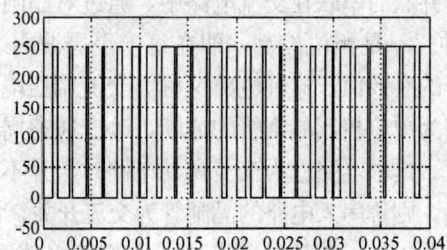

(c)

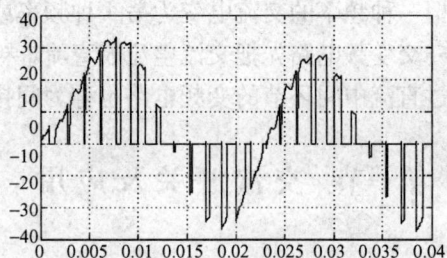

(d)

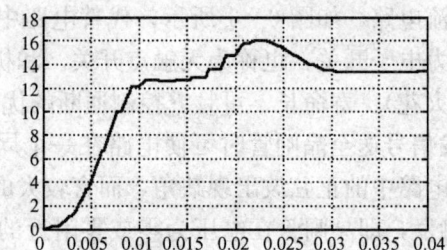

(e)

图 5-29 逆变器电流、电压及 IGBT 承受的电压和电流

(a) 逆变器输出三相电流波形; (b) IGBT 通过的电流;

(c) 通过 IGBT 的电流有效值; (d) 相电压基波有效值;

(e) IGBT 承受的电压

第六章 AC—AC 变 换 电 路

内容提要与目的要求

掌握交流调压器的基本类型、用途和电路，简要分析单、三相交流调压电路，理解和掌握交流斩波调压的原理与基本性能，掌握交—交变频电路（周波变换器）的原理及电路，分析其优缺点。重点：交—交变频电路（周波变流器）的原理及电路。

本章主要讲述 AC—AC 变换电路，即将一种形式的交流变成另一种形式交流的电路。在进行交流—交流变换时，可以改变相关的电压、电流、频率和相数等。

只改变电压、电流或对电路的通断进行控制，而不改变频率的电路称为交流电力控制电路，这种电路一般将两个晶闸管反并联后串联在交流电路中，通过对晶闸管的控制则可以控制交流电力。其晶闸管控制方式有两种。一是相位控制，即在每半个周波内通过对晶闸管开通相位的控制，可以方便地调节输出电压的有效值，这种电路又称为交流调压电路，详见第二、三节。二是通断控制，即以交流电的周期为单位控制晶闸管的通断，改变通态周期数和断态周期数之比可以方便地调节输出功率的平均值。这种电路称为交流调功电路；若并不侧重调节输出平均功率，而只是根据需要接通或断开电路，则称串入电路的晶闸管为交流开关，详见第一节。

改变频率的电路称为变频电路。变频电路有交—交变频电路和交—直—交变频电路两种形式。交—交变频电路直接把一种频率的交流电变为另一种频率或可调频率的交流电，也称为直接变频电路。而交—直—交变频电路先把交流整流成直流，再把直流逆变成另一频率或可调频率的交流电，这种通过直流中间环节的变频电路也称为间接变频电路。

第一节 交流开关及应用

一、交流电力电子开关

将晶闸管反并联串入交流电路，如图 6-1 所示，代替电路中的机械开关，起接通和断开电路的作用，称为交流电力电子开关，也称为无触点开关。和机械开关比，它具有开关响应速度快、无触点（无电弧火花）、寿命长、可频繁控制通断的优点。

图 6-1 电路中，当触发信号送至晶闸管时可使电路在一个周期的任何时刻接通，但采用相位控制触发方式，会使电路中的正弦波出现缺角，而含较大的高次谐波。所以常用的是过零触发，即晶闸管在电压为零或零附近的瞬间接通，利用电流小于维持电流关断，这时开关对外界的电磁干扰最小。

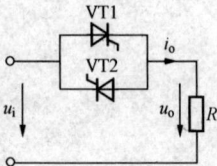

图 6-1 交流电力电子开关原理图

将电力电子开关（多为双向晶闸管）和其控制电路封装在一起构成无触点通断组件称为固态开关（Solid State Suitch—SSS），它包括固态继电器（Solid State Relay—SSR）和固态接触器（Solid State Cantactor—SSC）。固态开关一般采用环氧树脂封装，具有体积小、工作频率高的特点，适用于频繁操作或有腐蚀性、易燃、多粉尘的场合。

二、交流调功电路

交流调功电路的形式和图6-1相同，控制方式也是通断控制，不过其控制的目的是为了控制电路的平均输出功率，而交流电力电子开关并不去控制电路的平均输出功率，通常也没有明确的控制周期，交流电力电子开关只是根据需要接通或断开电路。

交流调功电路将负载和交流电源接通几个整周期，再断开几个整周期，通过改变接通周期数和断开周期数的比例来调节负载上的平均功率，通常控制晶闸管的导通时刻都是在电源电压过零的时刻，这样，在交流电源接通期间，负载电压为正弦波，不会对电网电压造成谐波污染。图6-2为交流调功电路的典型波形，设控制周期为M倍的电源周期，其中晶闸管在前N个周期导通，在后$M-N$个周期关断。

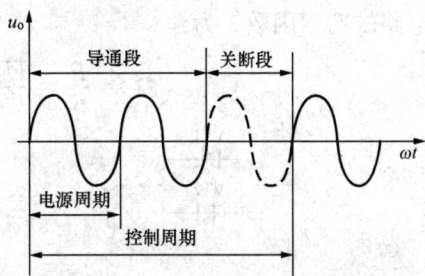

图6-2 交流调功电路的典型波形

第二节 单相交流调压电路

交流调压电路广泛用于灯光控制（如调光台灯和舞台灯光控制）及异步电动机的软起动，也用于异步电动机的调速。在供用电系统中，这种电路还常用于对无功功率的连续调节。交流调压电路可分为单相交流调压电路和三相交流调压电路。前者是后者的基础，也是本章的重点。

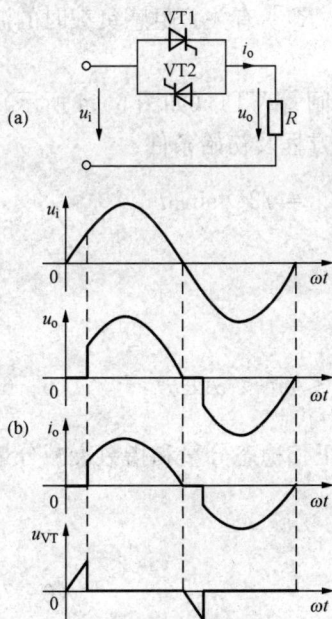

图6-3 电阻负载单相交流
调压电路及其波形
(a) 单相交流调压电路；
(b) 波形

交流调压电路和整流电路一样，其工作情况和负载性质有关，以下就电阻负载和阻感负载予以分别介绍。

一、电阻负载

电路如图6-3（a）所示，图中用两只反并联的普通晶闸管与电阻负载R组成主电路，也可以用一个双向晶闸管代替两只反并联的晶闸管。u_i正半周α时刻触发导通VT1，u_i负半周α时刻触发导通VT2，VT1、VT2导通时$u_o=u_i$，VT1、VT2关断时$u_o=0$。正负半周α起始时刻（即$\alpha=0$）均为电压过零时刻，在稳态情况下应使正负半周的α相等。具体波形如图6-3（b）所示，由图可以看出，负载电压波形是电源电压波形的一部分，负载电流（也即电源电流）和负载电压波形形状相同。

根据图6-3（b）波形可得在控制角为α时的负载电压有效值U_o为：

$$U_o = \sqrt{\frac{1}{\pi}\int_\alpha^\pi (\sqrt{2}U_1\sin\omega t)^2 \mathrm{d}(\omega t)} = U_i\sqrt{\frac{1}{2\pi}\sin2\alpha + \frac{\pi-\alpha}{\pi}} \tag{6-1}$$

则负载电流有效值I_o为：

$$I_o = \frac{U_o}{R} = \frac{U_i}{R}\sqrt{\frac{1}{2\pi}\sin2\alpha + \frac{\pi-\alpha}{\pi}} \tag{6-2}$$

同时还可求得晶闸管的电流有效值 I_{VT} 为：

$$I_{VT} = \sqrt{\frac{1}{2\pi}\int_{\alpha}^{\pi}\left(\frac{\sqrt{2}U_i\sin\omega t}{R}\right)^2 d(\omega t)} = \frac{U_i}{R}\sqrt{\frac{1}{2}\left(1-\frac{\alpha}{\pi}+\frac{\sin2\alpha}{2\pi}\right)} \quad (6-3)$$

电路的功率因数 λ 为：

$$\lambda = \frac{P}{S} = \frac{U_o I_o}{U_i I_o} = \frac{U_o}{U_1} = \sqrt{\frac{1}{2\pi}\sin2\alpha + \frac{\pi-\alpha}{\pi}} \quad (6-4)$$

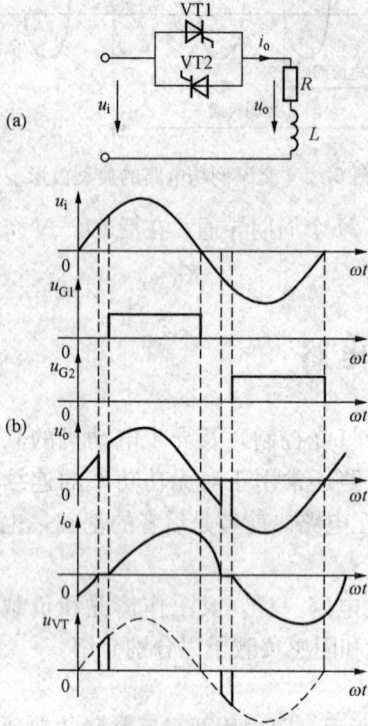

图 6 - 4　阻感负载单相交流
调压电路及其波形

由图 6 - 3 及式（6 - 1）可以看出，α 的移相范围为 $0 \leqslant \alpha \leqslant \pi$。$\alpha = 0$ 时相当于晶闸管一直接通，输出电压 $U_o = U_i$ 达到最大。随着 α 的增加，U_o 逐渐降低为 0，而当 $\alpha = \pi$ 时，$U_o = 0$ 达到最小，此外 λ 和 α 的关系是随着 α 的增加，λ 逐渐降低。$\alpha = 0$ 时，$\lambda = 1$；$\alpha = \pi$ 时，$\lambda = 0$。

二、阻感负载

1. 工作原理

阻感负载时的电路原理图如图 6 - 4（a）所示，其工作情况与可控整流电路阻感性负载相似。当电源电压过零时，由于负载电感产生感应电动势的作用，电流不能立即为零，需要滞后一个角度（即晶闸管导通角将增大）电流才为零。交流调压电路带阻感性负载时，晶闸管的导通角 θ 的大小，不但与控制角 α 有关，还与负载阻抗角 $\varphi[\varphi = \arctan(\omega L/R)]$ 有关。阻感负载时的波形如图 6 - 4（b）所示。

在 $\omega t = \alpha$ 时刻开通晶闸管 VT1（如图 6 - 4 所示），负载电流应满足如下微分方程及初始条件：

$$\begin{cases} L\dfrac{di_o}{dt} + Ri_o = \sqrt{2}U_i\sin\omega t \\[2mm] i_o\,|_{\omega t=\alpha} = 0 \end{cases} \quad (6-5)$$

解该方程得：

$$i_o = \frac{\sqrt{2}U_i}{Z}\left[\sin(\omega t - \varphi) - \sin(\alpha - \varphi)e^{\frac{\alpha-\omega t}{\tan\varphi}}\right] \quad (\alpha \leqslant \omega t \leqslant \alpha+\theta) \quad (6-6)$$

式中：$Z = \sqrt{R^2+(\omega L)^2}$；$\theta$ 为晶闸管导通角。由式可知 i_o 由正弦稳态分量和指数衰减分量两部分组成。

利用边界条件：$\omega t = \alpha+\theta$ 时，$i_o = 0$，可求得 θ：

$$\sin(\alpha+\theta-\varphi) = \sin(\alpha-\varphi)e^{\frac{\theta}{\tan\varphi}} \quad (6-7)$$

以下对式（6 - 7）进行分析，以确定其移相范围。

（1）$\alpha > \varphi$：此时 $\sin(\alpha-\varphi)e^{\frac{\theta}{\tan\varphi}} > 0$，则 $\sin(\alpha+\theta-\varphi) > 0$ 即 $\theta < 180°$。由此可知正负半波电流不连续，且 α 愈大，θ 愈小，波形不连续愈严重，但此时交流电压可调。其波形如图 6 - 4 所示。

（2）$\alpha = \varphi$：此时 $\sin(\alpha - \varphi)\mathrm{e}^{-\frac{\theta}{\tan\varphi}} = 0$，则 $\sin(\alpha + \theta - \varphi) = 0$ 即 $\theta = 180°$。由此可知正负半波电流临界连续，负载上获得最大功率。波形如图 6-5 所示。

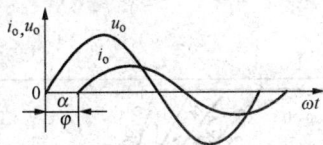

图 6-5 阻感负载单相交流
调压电路 $\alpha = \varphi$ 时波形

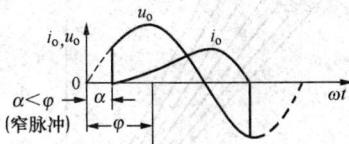

图 6-6 阻感负载单相交流调压
电路 $\alpha < \varphi$ 时波形

（3）$\alpha < \varphi$：此时 $\sin(\alpha - \varphi)\mathrm{e}^{-\frac{\theta}{\tan\varphi}} < 0$，则 $\sin(\alpha + \theta - \varphi) < 0$ 即 $\theta > 180°$。这种情况下设在 $\omega t = \alpha < \varphi$ 时刻触发 VT1，则 VT1 的导通时刻超过 π。到 $\omega t = \pi + \alpha$ 时刻触发 VT2 时，由于负载电流 i_o 尚未到零，VT1 仍导通，VT2 承受反压不能导通。等 VT1 中电流变为零而关断，若触发脉冲为窄脉冲，虽然此时 VT2 开始承受正向电压，由于 u_g2 脉冲已消失，所以 VT2 无法导通。第三个半周 u_g1 又触发 VT1 管，这样负载电流只有正半波，电流出现很大的直流分量，电路不能正常工作。波形如图 6-6 所示。在 $\alpha < \varphi$ 时，晶闸管不能用窄脉冲触发，而应采用宽脉冲或脉冲列，这样 VT2 在 VT1 关断后仍能导通，不过刚开始时两管的电流波形不对称但是在指数分量的衰减过程中 VT1 的导通时间逐渐缩短，VT2 的导通时间逐渐延长，当指数分量衰减到零后，VT1 和 VT2 的导通时间均趋近到 π，其稳态工作情况和 $\alpha = \varphi$ 时完全相同，宽脉冲时波形如图 6-7 所示。

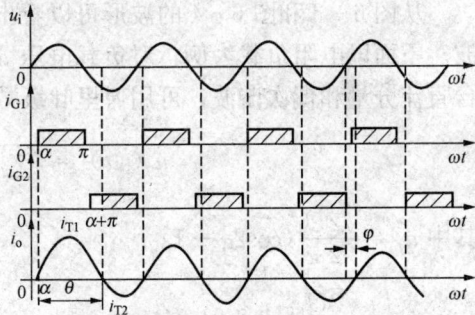

综合分析可知，单相交流调压电路带阻感负载时 α 角移相范围为 $\varphi \sim \pi$。

图 6-7 宽脉冲触发时 $\alpha < \varphi$ 阻感
负载交流调压电路工作波形

2. 参数计算

以 φ 为参变量，利用式（6-7）可以把 α 和 θ 的关系用图 6-8 的一簇曲线来表示。在 $\alpha > \varphi$ 的条件下，负载电压有效值 U_o，晶闸管电流有效值 I_VT，负载电流有效值 I_o 分别为：

$$U_\mathrm{o} = \sqrt{\frac{1}{\pi}\int_\alpha^{\alpha+\theta}(\sqrt{2}U_\mathrm{i}\sin\omega t)^2\,\mathrm{d}(\omega t)}$$

$$= U_\mathrm{i}\sqrt{\frac{\theta}{\pi} + \frac{1}{\pi}[\sin2\alpha - \sin(2\alpha + 2\theta)]} \qquad (6-8)$$

$$I_\mathrm{VT} = \sqrt{\frac{1}{2\pi}\int_\alpha^{\alpha+\theta}\left\{\frac{\sqrt{2}U_\mathrm{i}}{Z}\left[\sin(\omega t - \varphi) - \sin(\alpha - \varphi)\mathrm{e}^{\frac{-\omega t}{\tan\varphi}}\right]\right\}^2\,\mathrm{d}(\omega t)}$$

$$= \frac{U_\mathrm{i}}{\sqrt{2}\,\pi Z}\sqrt{\theta - \frac{\sin\theta\cos(2\alpha + \varphi + \theta)}{\cos\varphi}} \qquad (6-9)$$

$$I_\mathrm{o} = \sqrt{2}\,I_\mathrm{VT} \qquad (6-10)$$

设晶闸管电流 I_VT 的标幺值为：

$$I_\mathrm{VTN} = I_\mathrm{VT} \cdot \frac{Z}{\sqrt{2}U_\mathrm{i}} \qquad (6-11)$$

则可绘出 I_{VTN} 和 α 的关系曲线，如图 6 - 9 所示。

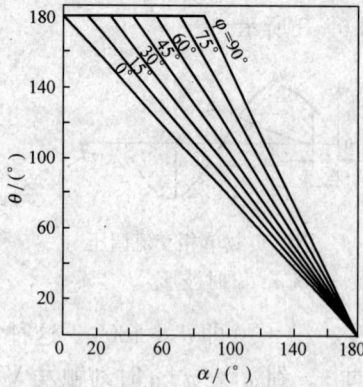

图 6 - 8　单相交流调压电路以 φ
为参变量的 θ 和 α 的关系曲线

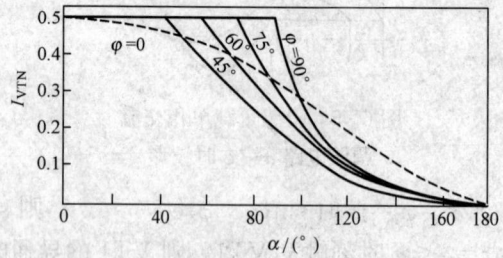

图 6 - 9　单相交流调压电路 φ 为参变量
时 I_{VTN} 和 α 的关系曲线

三、单相交流调压电路的谐波分析

从图 6 - 3 和图 6 - 4 的波形可以看出，负载电压和负载电流均不是正弦波，含有大量谐波。下面以电阻负载为例，对负载电压 u_o 进行谐波分析。由于波形正负半波对称，所以不含直流分量和偶次谐波，可用傅里叶级数表示如下：

$$u_o(\omega t) = \sum_{n=1,3,5}^{\infty} (a_n \cos n\omega t + b_n \sin n\omega t) \tag{6 - 12}$$

其中 $a_1 = \dfrac{\sqrt{2}U_i}{2\pi}(\cos 2\alpha - 1)$

$b_1 = \dfrac{\sqrt{2}U_i}{2\pi}\left[\sin 2\alpha + 2(\pi - \alpha)\right]$

$a_n = \dfrac{\sqrt{2}U_i}{\pi}\left\{\dfrac{1}{n+1}\left[\cos(n+1)\alpha - 1\right] - \dfrac{1}{n-1}\left[\cos(n-1)\alpha - 1\right]\right\}$　$(n = 3,5,7,\cdots)$

$b_n = \dfrac{\sqrt{2}U_i}{\pi}\left[\dfrac{1}{n+1}\sin(n+1)\alpha - \dfrac{1}{n-1}\sin(n-1)\alpha\right]$　$(n = 3,5,7,\cdots)$

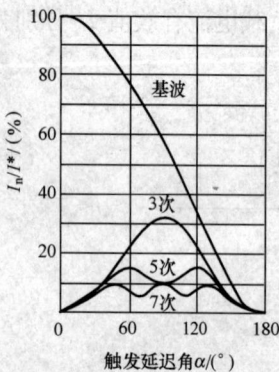

图 6 - 10　电阻负载单相交流调压
电路基波和谐波电流含量

基波和各次谐波的有效值可按下式求出：

$$U_{on} = \dfrac{1}{\sqrt{2}}\sqrt{a_n^2 + b_n^2} \tag{6 - 13}$$

负载电流基波和各次谐波的有效值为：

$$I_{on} = U_{on}/R \tag{6 - 14}$$

根据式（6 - 14）的结果可以绘出电流基波和各次谐波标幺值随 α 变化的曲线，如图 6 - 10 所示，其中基波电流为 $\alpha = 0$ 的电流有效值。

在阻感负载的情况下，可以用和上面相同的方法进行分析，只是公式将复杂得多。这时电源电流中的谐波次数和电阻负载时相同，也是只含有 3、5、7…等次谐波，同样是随着次数的增加，谐波含量减少，和电阻负载时相比，阻感负载时的谐波电流含量要少一些，而且 α 角相同时，随着阻抗角的增大，谐波含量有所减少。

四、斩控式交流调压电路

上述交流调压电路通过相位控制来改变输出电压有效值。随着直流斩波电路的广泛应用，出现了交流斩波调压电路（斩控式交流调压电路），其工作原理与直流斩波电路有类似之处。斩控式交流调压电路的原理图如图 6 - 11 所示，若用晶闸管作开关器件，缺点是需要换流电路关断晶闸管，控制电路较复杂。目前一般采用全控型器件作为开关器件，图中是用 IGBT，其中 V1、V2 为斩波器件，V3、V4 为续流器件。在交流电源 u_1 的正半周，用 V1 进行斩波控制，用 V3 给负载电流提供续流通道；在 u_1 的负半周，用 V2 进行斩波控制，用 V4 给负载电流提供续流通道。图 6 - 12 给出了电阻负载时的负载电压 u_o 和电源电流 i_1 的波形。可以看出电源电流 i_1 的基波分量和电源电压同相位，即位移因素为 1。另设斩波器件（V1、V2）的开通时间为 t_{on}，开关周期为 T，则导通比 $\alpha = t_{on}/T$。和直流斩波电路一样，也可以通过改变 α 来调节输出电压。

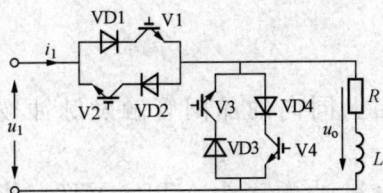

图 6 - 11 斩控式交流调压电路   图 6 - 12 电阻负载斩控式交流调压电路波形

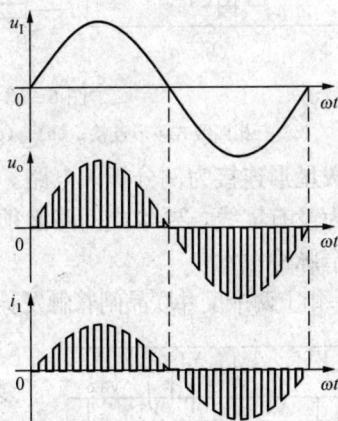

第三节 三相交流调压电路

当交流功率调节容量较大时通常采用三相交流调压电路。三相交流调压电路根据连接形式不同，有多种形式。常用的连接形式如图 6 - 13 所示。下面将对图 6 - 13 （a）、（b）二个电路作简单介绍，最后对这几种电路性能进行比较。

一、三相四线式星形连接

三相四线式星形连接电路如图 6 - 13 （a）所示，该电路各相通过零线自成回路，相当于三个单相晶闸管交流调压电路的组合。三相互相错开120°工作，可以用单相交流调压电路的分析方法来分析该电路的工作原理及数量关系。该电路的缺点是电路零线中会有很大的 3 次及 3 的整数倍次谐波电流。这是因为基波和 3 的整数倍次以外的谐波电流在三相之间流动，不流过零线。而三次谐波属于零序分量，不能在各相之间流动，全部流过零线，而且当 $\alpha = 90°$时，零线电流达到最大，甚至和各相电流的有效值接近。在选择线路和电源变压器时应考虑这一问题。一般大容量设备不采用这种电路。

二、三相三线式连接

三相三线式连接电路如图 6 - 13 （b）、（c）所示，负载可接成星形也可接成三角形。这

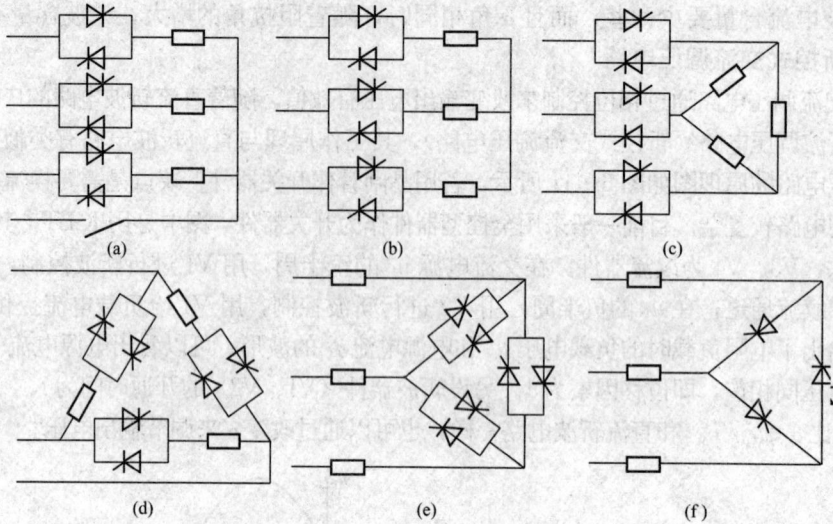

图 6-13 三相交流调压电路

(a) 三相四线式星形连接；(b)、(c) 三相三线式连接；(d)、(e)、(f) 三角形连接

里以电阻负载星形连接为例分析该电路。该电路正常工作对触发脉冲的要求是：

（1）因为没有零线，要构成回路必须有两相同时导通，与三相全控整流电路一样应采用宽脉冲或双窄脉冲触发；

（2）同一相上两个反并联晶闸管触发脉冲相差180°；

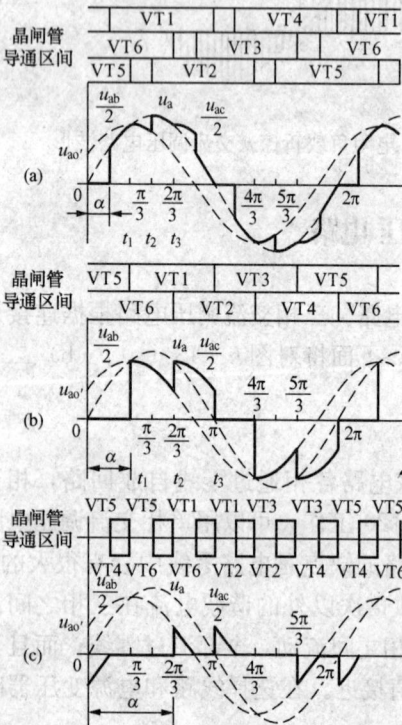

图 6-14 不同 α 角时负载相电压波形

(a) α=30°；(b) α=60°；(c) α=120°

（3）三相上同向的晶闸管触发脉冲彼此相差 120°；

（4）触发脉冲顺序为 VT1～VT0，依次相差 60°；

（5）触发脉冲的移相范围为 0°～150°。

当改变 α 时，该三相交流调压电路有二种工作状态：在任一时刻，三相中每相各有一个晶闸管导通，此时负载电压为电源相电压；在任一时刻，三相中只有两相各有一个晶闸管导通，另一相两个晶闸管均不导通，此时负载电压应为电源线电压的一半。根据晶闸管导通情况以及电流是否连续可将 0°～150° 的移相范围分为以下几种情况：

（1）0°≤α<60° 范围内，电路处于三个晶闸管导通和两个晶闸管导通的交替状态，电流连续，每个晶闸管的导通角为 180°-α。其中 α=0° 时，一直是三个晶闸管导通，三相负载电流是完整的正弦波。

（2）60°≤α≤90° 范围内，任意时刻都是两个晶闸管导通，电流连续，每个晶闸管导通 120°；

（3）90°<α<150° 范围内，电路处于两个晶闸管导通和都不导通的交替状态，此时电流不连续，

每个晶闸管导通角为 $300°-2\alpha$，$\alpha=150°$ 时各相负载电压和电流为零。

图 6 - 14 给出了 $\alpha=30°$、$60°$ 和 $120°$ 时 a 相负载上的电压波形及晶闸管导通区间示意图。因为是电阻负载，所以负载电流波形与电压波形形状相同。

在三相阻感负载时，可以参照单相阻感负载时的分析方法自行分析。和单相阻感负载时一样，$\alpha=\varphi$ 时，负载电流最大且为正弦波，相当于晶闸管全部被短接。

三、三相交流调压电路的主要技术指标和电路特点比较

表 6 - 1 列出了图 6 - 13 中六种三相交流调压电路的主要技术指标和电路特点的比较，在实际应用中应根据负载的性能要求进行选择。

表 6 - 1　　　　　　　　三相交流调压电路的主要技术指标和电路特点

电路	晶闸管最大峰值电压	晶闸管电流平均值	移相范围	线路性能特点
(a) 图	$\sqrt{\dfrac{2}{3}}U_1$	$0.45I_1$	$0°\sim180°$	零线电流大，大容量设备不采用
(b) 图 (c) 图	$\dfrac{\sqrt{6}}{2}U_1$	$0.45I_1$	$0°\sim150°$	负载可星形或三角形连接谐波分量小
(d) 图	$\sqrt{2}U_1$	$0.26I_1$	$0°\sim180°$	负载应分得开，适用于大电流场合
(e) 图	$\sqrt{2}U_1$	$0.26I_1$	$0°\sim150°$	负载应分得开
(f) 图	$\sqrt{2}U_1$	$0.675I_1$	$0°\sim210°$	线路简单，成本低，负载应分得开

第四节　交—交 变 频 电 路

交—交变频电路是直接将一种频率的交流电变成另一种频率或可调频率的交流电，不通过中间直流环节，亦称为直接变频电路或周波变流器（cycloconverter）。

交—交变频电路广泛用于大功率交流电动机调速传动系统。交—交变频电路可以单相输出和三相输出，其中实际使用的主要是三相输出交—交变频电路，而单相输出交—交变频电路是基础，因此本节将分别对这两种电路进行介绍。此外，交—交变频电路根据控制角 α 的不同规律，其输出可获得正弦波、矩形波或梯形波，这里主要介绍正弦波交—交变频器。

一、单相交—交变频电路

1. 基本结构及工作原理

单相交—交变频电路结构如图 6 - 15 (a) 所示，电路由 P 组和 N 组两组反并联的晶闸管变流电路构成。P 组工作时，设负载电流 i_0 为正，则 N 组工作时，负载电流 i_0 为负，适当对两组电路进行控制，使其按一定频率交替工作，则可在负载上获得该频率的交流电。输出电压 u_0 的频率决定于两组变流电路切换的频率；而 u_0 的幅值取决于变流电路工作时的控制角 α。

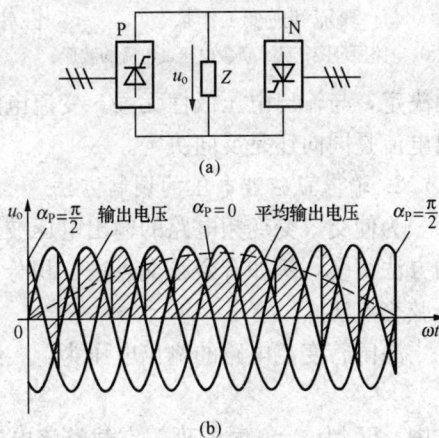

图 6 - 15　单相交—交变频电路原理图
和输出电压波形

(a) 电路原理图；(b) 输出电压波形

若一个周期内控制角 α 始终不变，则输出波形为矩形波，矩形波中含有大量的低次谐波，若要使输出电压的波形近似正弦波，则可以按正弦规律对 α 角进行调制。如图 6 - 15 (b) 所示为半个周期内正组变流电路 P 组的 α 角按正弦规律变化时的波形。当 α 按正弦规律从 90° 逐渐减小至 0°（或某一角度），然后再逐渐增大至 90° 时，每个控制间隔内的平均输出电压就按正弦规律从零增至最高，又减至零，如图 6 - 15 (b) 图中虚线所示。在另外半个周期内可以对 N 组进行同样的控制，从而获得接近正弦波的输出电压。

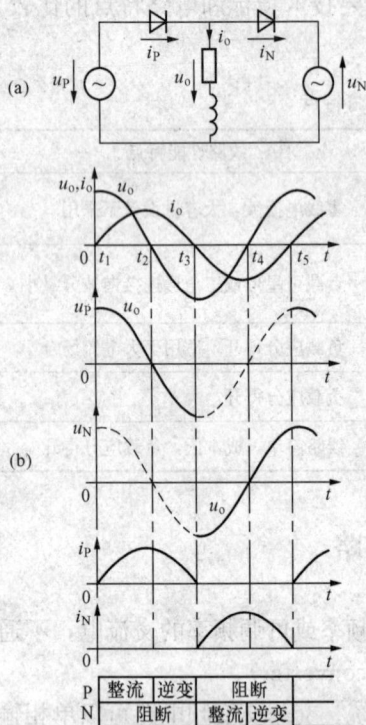

图 6-16 理想化交—交变频电路的
整流和逆变工作状态

(a) 电路原理图；(b) 负载电压、电流的波形

如果把交—交变频电路理想化，忽略变流电路换相时输出电压的脉动分量，可把它看成如图 6 - 16 (a) 所示的电路，图中 u_P、u_N 表示变流电路可输出交流电压，二极管表示变流电路的电流流通方向。交—交变频电路的负载可以是感性、阻性或容性，下面以常用的感性负载为例说明变流电路的工作状态。

设负载的功率因数角为 φ，即输出电流滞后于输出电压 φ 角，而且两组变流电路交替工作，即一组工作时，另一组脉冲封锁，此时一个周期内负载电压、负载电流的波形如图 6 - 16 (b) 所示。变流电路是单向导电的，因此当负载电流正半周时，只能是正组变流电路工作；而当负载电流负半周时，只能是负组变流电路工作，而由于输出电流 i_0 和输出电压 u_0 有相位差，它们的瞬时极性有时相同，有时相反。例如，图中 $t_1 \sim t_3$ 期间 i_0 为正，因此 P 组工作。其中 $t_1 \sim t_2$ 阶段，u_0 与 i_0 同为正，则 P 组变流电路输出功率为正，工作在整流状态；$t_2 \sim t_3$ 阶段，i_0 仍为正，u_0 变为负，则 P 组变流电路输出功率为负，工作在逆变状态。同样 $t_3 \sim t_5$ 期间 N 组工作情况亦然。由此可见，当 u_0 与 i_0 同极性时，变流电路工作在整流状态，当 u_0 与 i_0 极性相反时，变流电路工作在逆变状态。

综上所述可得，哪一组变流电路工作由输出电流方向决定，与输出电压极性无关。变流电路工作在整流状态还是逆变状态，则由输出电压和输出电流是同向还是反向决定。

2. 输出正弦波电压的调制方法

为使交—交变频电路的输出电压波形为正弦波，必须对控制角 α 进行调制。目前，调制的方法很多，例如有余弦交点法、积分控制法、锁相控制法等等，这里主要介绍采用较多的余弦交点法。

晶闸管变流电路的输出电压为：

$$u_0 = U_{do}\cos\alpha \qquad (6-15)$$

式中：U_{do} 为 $\alpha = 0$ 时的理想空载整流电压，u_0 表示每次控制间隔内输出电压的平均值。

设要得到的正弦输出电压为：

$$u_0 = U_{om}\sin\omega_0 t \qquad (6-16)$$

比较式（6 - 15）与式（6 - 16）可得：

$$\cos\alpha = \frac{U_{om}}{U_{do}}\sin\omega_o t = \gamma\sin\omega_o t \qquad (6\text{-}17)$$

式中：γ 称为输出电压比，$\gamma = U_{om}/U_{do}$ $\quad(0 \leqslant \gamma \leqslant 1)$

因此，

$$\alpha = \arccos(\gamma\sin\omega_o t) \qquad (6\text{-}18)$$

式（6-18）就是用余弦交点法求 α 角的基本公式。

下面用图 6-17 来说明余弦交点法。这里变流电路为三相桥式全控变流电路，三相线电压 u_{ab}、u_{ac}、u_{bc}、u_{ba}、u_{ca}、u_{cb} 依次用 $u_1 \sim u_6$ 表示，$u_1 \sim u_6$ 所对应的同步余弦信号 $u_{s1} \sim u_{s6}$ 比相应的 $u_1 \sim u_6$ 超前30°。这样，$u_{s1} \sim u_{s6}$ 的最大值和相应线电压 $\alpha=0$ 时刻对应，若以 $\alpha=0$ 为零时刻，则 $u_{s1} \sim u_{s6}$ 为余弦信号，因此称为余弦交点法。设希望输出的电压为 u_o，则同步电压 $u_{s1} \sim u_{s6}$ 的下降段和 u_o 的交点决定正组变流电路各晶闸管的触发时刻；同步电压 $u_{s1} \sim u_{s6}$ 的上升段和 u_o 的交点决定反组变流电路各晶闸管的触发时刻。

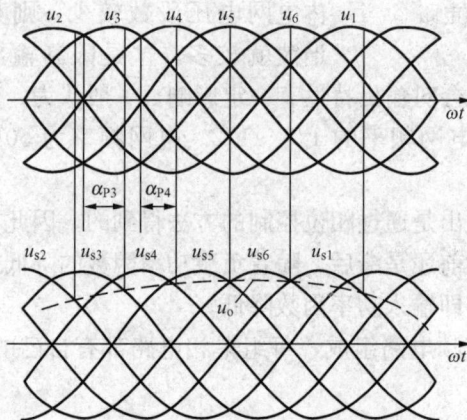

图 6-17 余弦交点法原理

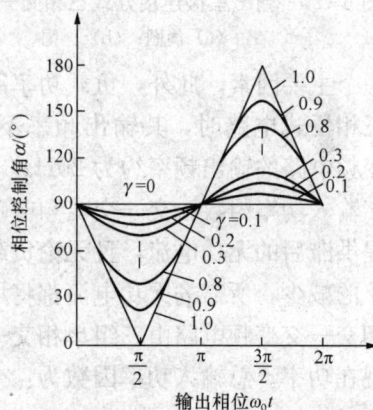

图 6-18 不同 γ 时 α 和 $\omega_o t$ 的关系

由式（6-18）可知，α 与输出电压比有关。图 6-18 给出了在不同的输出电压比 γ 下，输出电压一个周期内控制角 α 随 $\theta_o = \omega_o t$ 的变化情况。图中可以看出，当 γ 较小时，即输出电压较低时，α 只在离90°很近的范围内变化。

上述余弦交点法可以用模拟电路或微机实现，近年来更多地是用微机实现。

图 6-19 公共交流母线进线三相交—交变频电路（简图）

二、三相交—交变频电路

实际使用的主要是三相输出交—交变频电路。三相交—交变频电路是由三相输出电压相位各差120°的单相交—交变频电路组成的。

1. 电路接线形式

三相交—交变频电路主要有两种接线方式，即公共交流母线进线方式和输出星形连接方式，分别用于中大功率场合，如图 6-19、图 6-20 所示。图 6-19 为公共交流母线三相交—交变频电路，其电源进线通过进线电抗器接在公共的交流母线上，它由三组彼此独立的单相交—交变频电路组成。该电路的输出端必须隔离，电动机三个绕组需拆开，共引出六根

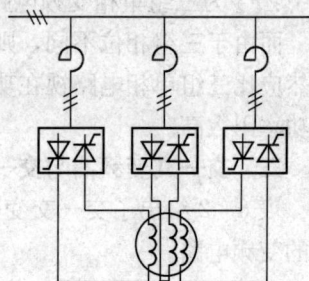

线。图 6-20 为输出星形连接三相交—交变频电路，其三组单相交—交变频电路的输出端星形连接，电动机的三个绕组也是星形连接，只引出三根线，但变频器输出端中性点不和负载中性点相连接，而其电源进线必须隔离，所以三组单相变频器分别通过三个变压器供电。

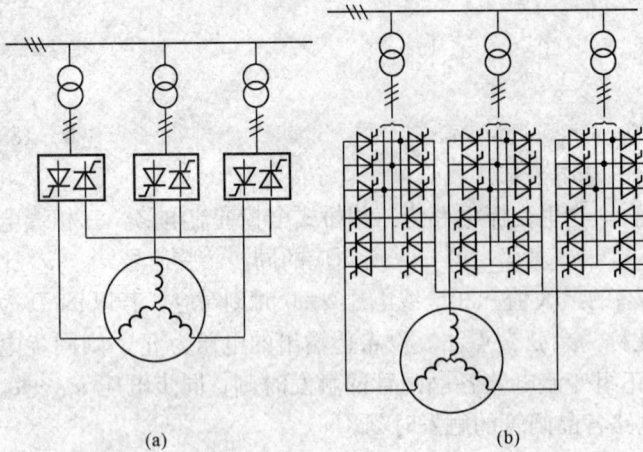

图 6-20 输出星形连接方式三相交—交变频电路
(a) 简图；(b) 详图

2. 输入输出特性

(1) 输出上限频率。交—交变频电路的输出电压是由若干段电网电压拼接而成的。当输出频率较高时，其输出电压一个周期内电网电压段数较少，则其所含谐波就较多。这是限制输出频率提高的一个主要因素。此外，负载功率因数也会对输出特性有一定影响。一般认为，变流电路采用三相桥式电路时，其输出频率不高于电网频率的 $1/3 \sim 1/2$。电网频率为 50Hz 时，交—交变频电路的输出频率约为 20Hz。

(2) 输入功率因数。交—交变频电路的输出是通过相位控制的方法得到的，因此在输入端需要提供滞后的无功电流，且无论负载是超前还是滞后。随着负载功率因数的降低或输出电压比 γ 的减少，所需的无功电流都将增加，即输入功率因数降低。

三相交—交变频电路由三组单相交—交变频电路组成，每组单相电路都有自己的有功、无功及视在功率。总输入功率因数为：

$$\lambda = \frac{P_\Sigma}{S_\Sigma} \tag{6-19}$$

式中：P_Σ 为三组单相变频电路有功功率之和。

而由于三组相位不同，则视在功率不能简单相加，而应由总输入电流和输入电压决定。显然应比三组单相电路视在功率之和小。所以三相交—交变频电路的功率因数要比单相的输入功率因数高。

三、交—交变频器与交—直—交变频器比较

表 6-2 给出了交—交变频器和交—直—交变频器的性能比较，用户可根据要求选择不同的变频电路。

表 6-2　　　　　　交—交变频器和交—直—交变频器的性能比较

比较项目	交—交变频器	交—直—交变频器
换能形式	一次换流，效率较高	两次换流，效率较低
换流方式	电网换流	强迫换流或负载换流
元件数量	元件数量较多，三相桥式变流电路组成的三相交—交变频器至少有 36 个晶闸管	元件数量较少

续表

比较项目	变频器	交—交变频器	交—直—交变频器
调频范围		一般情况下，输出最高频率为电网频率的 $1/3 \sim 1/2$	频率调节范围宽
功率因素		低	用可控整流调压时，功率因数低；用斩波器或 PWM 方式调压时，功率因数高
场合		主要用于 500kW 或 1000kW 以上，转速在 600r/min 以下的低速大功率场合	可用于各种电力拖动装置 CVCF 电源，UPS 等

第五节　矩 阵 变 换 器

第四节介绍的是采用相位控制方式的交—交变频电路。近年来出现了一种新颖的矩阵式变频电路，电路所用的开关器件是全控型的，控制方式是斩控方式。这种电路称为矩阵变换器（Matrix Converter）也称为阵列型换流器，它是一种具有优良的输入输出特性的新型交—交变换器。矩阵变换器是一种"广义变换器"，在同一矩阵变换器上，通过采用不同的控制算法，可以实现整流器、逆变器和斩波器的功能。

一、矩阵变换器的电路拓扑结构

三相到三相变换器的主电路拓扑结构如图 6 - 21 (a) 所示。它包括 9 个开关器件，组成 3×3 矩阵，可实现四象限运行，可调节输出电量的频率、幅值、相位以及输入功率因数。

矩阵变换器的功率开关必须是双向开关，也就是说要求开关既能阻断任意方向的电压，又能导通任意方向的电流。目前功率双向开关都是采用单向功率器件（例如 IGBT、GTO、电力 MOSFET），通过串并联组合而成。图 6 - 21 (b) 给出了应用较多的一种开关单元。

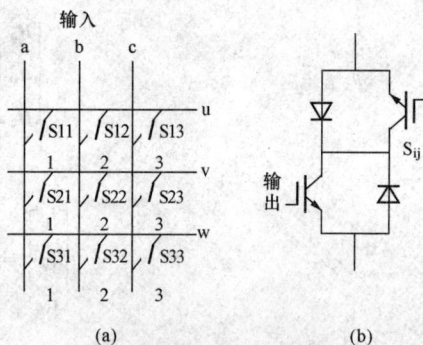

图 6 - 21　矩阵式变换器电路
(a) 主电路拓扑结构；(b) 开关单元

二、矩阵变换器的工作原理

下面来分析矩阵式变频电路的基本工作原理。矩阵变换器的控制采用 PWM 技术。

对单相交流电压 u_s 进行斩波控制，即进行 PWM 控制时，如果开关频率足够高，则其输出电压 u_o 为：

$$u_o = \frac{t_{on}}{T_c} u_s = \sigma u_s \qquad (6 - 20)$$

式中：T_c 为开关周期；t_{on} 为一个开关周期内开关导通时间；σ 为占空比。

在不同的开关周期中采用不同的 σ，可得到与 u_s 频率和波形都不同的 u_o，由于单相交流电压 u_s 波形为正弦波，可利用的输入电压部分只有如图 6 - 22 (a) 所示的单相电压阴影部分，因此输出电压 u_o 将受到很大的局限，无法得到所需要的输出波形。如果把输入交流电源改为三相，例如用图 6 - 21 (a) 中第一行的 3 个开关 S11、S12 和 S13 共同作用来构造 U 相输出电压 u_u，就可利用图 6 - 22 (b) 的三相电压包络线中所有的阴影部分。从图中可

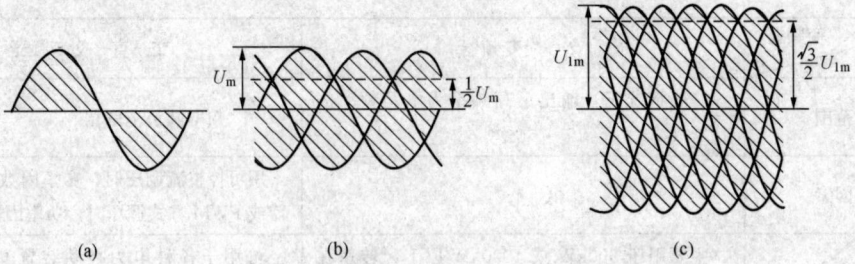

图 6 - 22　构造输出电压时可利用的输入电压部分

(a) 单相输入；(b) 三相输入相电压构造输出相电压；(c) 三相输入线电压构造输出线弦电压

以看出，理论上所构造的 u_u 频率可不受限制，但如果 u_u 必须为正弦波，则其最大幅值仅为输入相电压 u_a 幅值的 0.5 倍。如果利用输入线电压来构造输出电压，例如用图 6 - 21 （a）中第一行和第二行的 6 个开关共同作用来构造输出线电压，就可利用图 6 - 22 （c）中 6 个线电压包络线中所有的阴影部分。这样，当 u_{uv} 必须为正弦波时，其最大幅值就可达到输入线电压幅值的 0.866 倍。这也是正弦波输出条件下矩阵变换电路理论上最大的输出输入电压比。下面为了叙述方便，仍以相电压输出方式为例进行分析。

假设，矩阵变换器给定的输入电压和输出电流分别为：

$$
\begin{bmatrix} u_a \\ u_b \\ u_c \end{bmatrix} = \begin{bmatrix} U_{im}\cos\omega_i t \\ U_{im}\cos\left(\omega_i t - \dfrac{2\pi}{3}\right) \\ U_{im}\cos\left(\omega_i t - \dfrac{4\pi}{3}\right) \end{bmatrix} \tag{6-21}
$$

$$
\begin{bmatrix} i_u \\ i_v \\ i_w \end{bmatrix} = \begin{bmatrix} I_{om}\cos(\omega_o t - \varphi_o) \\ I_{om}\cos\left(\omega_o t - \varphi_o - \dfrac{2\pi}{3}\right) \\ I_{om}\cos\left(\omega_o t - \varphi_o - \dfrac{4\pi}{3}\right) \end{bmatrix} \tag{6-22}
$$

式中：U_{im}、I_{om} 为输入电压和输出电流的幅值；ω_i、ω_o 为输入电压和输出电流的角频率；φ_o 为相应于输出频率的负载阻抗角。

变频电路期望的输出电压和输入电流分别为：

$$
\begin{bmatrix} u_u \\ u_v \\ u_w \end{bmatrix} = \begin{bmatrix} U_{om}\cos\omega_o t \\ U_{om}\cos\left(\omega_o t - \dfrac{2\pi}{3}\right) \\ U_{om}\cos\left(\omega_o t - \dfrac{4\pi}{3}\right) \end{bmatrix} \tag{6-23}
$$

$$
\begin{bmatrix} i_a \\ i_b \\ i_c \end{bmatrix} = \begin{bmatrix} I_{im}\cos(\omega_i t - \varphi_i) \\ I_{im}\cos\left(\omega_i t - \varphi_i - \dfrac{2\pi}{3}\right) \\ I_{im}\cos\left(\omega_i t - \varphi_i - \dfrac{4\pi}{3}\right) \end{bmatrix} \tag{6-24}
$$

式中：U_{om}、I_{im} 分别为输出电压和输入电流的幅值；φ_i 为输入电流滞后于电压的相位角。

矩阵变换器的控制就是如何找到并实现开关传递函数 $\boldsymbol{\sigma}$ 矩阵，使得矩阵 $\boldsymbol{\sigma}$ 满足下面方程组：$u_o = \sigma u_i$ 及 $i_i = \sigma^T i_o$。下面分析相电压输出方式下的 σ 矩阵。

利用对开关 S11、S12 和 S13 的控制构造输出电压 u_u 时，为了防止输入电源短路，在任何一刻只能有一个开关接通。考虑到负载一般是阻感负载，负载电流具有电流源性质，为使负载不致开路，在任一时刻必须有一个开关接通。因此，u 相输出电压 u_u 和各相输入电压的关系为：

$$u_u = \sigma_{11} u_a + \sigma_{12} u_b + \sigma_{13} u_c \tag{6-25}$$

式中，σ_{11}、σ_{12} 和 σ_{13} 为一个开关周期内开关 S11、S12 和 S13 的导通占空比。

由上面的分析可知：

$$\sigma_{11} + \sigma_{12} + \sigma_{13} = 1 \tag{6-26}$$

用同样的方法控制图 6-21（a）矩阵第 2 行和第 3 行的各开关，可以得到类似于式（6-26）的表达式。把这些公式合写成矩阵的形式，即：

$$\begin{bmatrix} u_u \\ u_v \\ u_w \end{bmatrix} = \begin{bmatrix} \sigma_{11} & \sigma_{12} & \sigma_{13} \\ \sigma_{21} & \sigma_{22} & \sigma_{23} \\ \sigma_{31} & \sigma_{32} & \sigma_{33} \end{bmatrix} \begin{bmatrix} u_a \\ u_b \\ u_c \end{bmatrix} \tag{6-27}$$

可缩写为 $u_o = \sigma u_i$

其中：

$$u_o = \begin{bmatrix} u_u & u_v & u_w \end{bmatrix}^T$$

$$u_i = \begin{bmatrix} u_a & u_b & u_c \end{bmatrix}^T$$

$$\sigma = \begin{bmatrix} \sigma_{11} & \sigma_{12} & \sigma_{13} \\ \sigma_{21} & \sigma_{22} & \sigma_{23} \\ \sigma_{31} & \sigma_{32} & \sigma_{33} \end{bmatrix}$$

σ 称为调制矩阵，它是时间的函数，每个元素在每个开关周期中都是不同的。

前已述及，阻感负载的负载电流具有电流源的性质，负载电流的大小是由负载的需要决定的，在矩阵式变频电路中，9 个开关的通断情况决定后，即 σ 矩阵中各元素确定后，输入电流 i_a、i_b、i_c 和输出电流 i_u、i_v、i_w 的关系也就确定了。实际上，各相输入电流都分别是各相输出电流按照相应的占空比相加而成的，即：

$$\begin{bmatrix} i_a \\ i_b \\ i_c \end{bmatrix} = \begin{bmatrix} \sigma_{11} & \sigma_{21} & \sigma_{31} \\ \sigma_{12} & \sigma_{22} & \sigma_{32} \\ \sigma_{13} & \sigma_{23} & \sigma_{33} \end{bmatrix} \begin{bmatrix} i_u \\ i_v \\ i_w \end{bmatrix} \tag{6-28}$$

写成缩写形式即为 $i_i = \sigma^T i_o$

其中：

$$i_o = \begin{bmatrix} i_u & i_v & i_w \end{bmatrix}^T$$

$$i_i = \begin{bmatrix} i_a & i_b & i_c \end{bmatrix}^T$$

式（6-27）和式（6-28）即是矩阵式变频电路的基本输入输出关系式。当期望的功率因数为 1 时，$\varphi_i = 0$，将式（6-21）～式（6-24）带入式（6-27）和式（6-28）可得

$$\begin{bmatrix} U_{om} \cos \omega_o t \\ U_{om} \cos \left(\omega_o t - \dfrac{2\pi}{3} \right) \\ U_{om} \cos \left(\omega_o t - \dfrac{4\pi}{3} \right) \end{bmatrix} = \sigma \begin{bmatrix} U_{im} \cos \omega_i t \\ U_{im} \cos \left(\omega_i t - \dfrac{2\pi}{3} \right) \\ U_{im} \cos \left(\omega_i t - \dfrac{4\pi}{3} \right) \end{bmatrix} \tag{6-29}$$

$$\begin{bmatrix} I_{\mathrm{im}}\cos(\omega_i t) \\ I_{\mathrm{im}}\cos\left(\omega_i t - \dfrac{2\pi}{3}\right) \\ I_{\mathrm{im}}\cos\left(\omega_i t - \dfrac{4\pi}{3}\right) \end{bmatrix} = \sigma^{\mathrm{T}} \begin{bmatrix} I_{\mathrm{om}}\cos(\omega_o t - \varphi_o) \\ I_{\mathrm{om}}\cos\left(\omega_o t - \dfrac{2\pi}{3} - \varphi_o\right) \\ I_{\mathrm{om}}\cos\left(\omega_o t - \dfrac{4\pi}{3} - \varphi_o\right) \end{bmatrix} \qquad (6-30)$$

如能求得满足式（6-29）和式（6-30）的调制矩阵，就可得到式中所希望的输出电压和输入电流。可以满足上述方程的解有许多，但直接求解是很困难的。

从上面的分析可以看出，要使矩阵式变频电路能够很好地工作，有两个基本问题必须解决。首先要解决的问题是如何求取理想的调制矩阵，其次就是在开关切换时如何实现既无交叠又能无死区。通过许多学者的努力，这两个问题都已有了较好的解决办法。

由上述分析可知矩阵变换器与传统的电力电子变换器相比，有以下显著优点：

（1）输出频率不受输入电源频率的影响，输出频率可高于、低于输入频率；

（2）可获得正弦波形的输入电流、输出电压和电流；

（3）可实现能量的双向传递，具有四象限运行能力；

（4）输出的功率因数高，可接近1，并可自由调节，且与负载的功率因数无关；

（5）无中间环节，动作响应快；

（6）和目前广泛应用的交—直—交变频电路相比，虽多用了6个开关器件，却省去了直流侧大电容，将使体积减小，且容易实现集成化和功率模块化。

其主要缺点是电压传输比只能为0.866，需要大量的半导体元器件来实现矩阵变换器。

在电力电子器件制造技术飞速进步和计算机技术日新月异的今天，矩阵式变频电路将有良好而广阔的发展应用前景，其主要应用场合有便携式电源、电动机四象限调速运行和电力系统统一潮流控制器等等。但目前由于矩阵变换器的容量偏小以及没有真正的双向开关器件，实际应用较少。

第六节　单相交流调压电路的仿真

交流调压线路有采用晶闸管器件的相位控制和采用全控元件的 PWM 控制两种方式，这里主要介绍晶闸管控制的交流调压电路。PWM 控制的交流调压仿真在第四章介绍的直流—直流变流仿真基础上很容易实现。

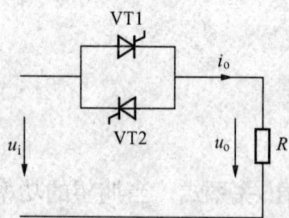

由晶闸管控制的单相交流调压电路如图6-23所示。反并联连接的晶闸管 VT1 和 VT2 组成了交流双向开关，在交流输入电压的正半周，VT1 导通，在交流输入电压的负半周，VT2 导通，控制晶闸管的导通时刻，可以调节负载两端的电压。

单相交流调压电路的仿真模型如图6-24所示。模型由交流电源、反并联晶闸管模块（VT1、VT2）、触发模块（pulse1、2）、阻感负载（RL）和观测示波器组成。其中双向晶闸管开关模块由分支电路组成，如图中虚线框内所示。

图 6-23　单相交流调压电路

交流调压晶闸管控制角 α 的移相范围是 $180°$，$\alpha = 0°$ 的位置定在电源电压过零的时刻。在阻感负载时按控制角与负载阻抗角 $\left[\varphi = \arctan(L/R) \right]$ 的关系，电路有两种工作状态。

1. $\varphi \leqslant \alpha \leqslant 180°$ 时

调压器输出电压和电流的正负半周是不连续的，在这范围内调节控制角，负载的电压和电流将随之变化。

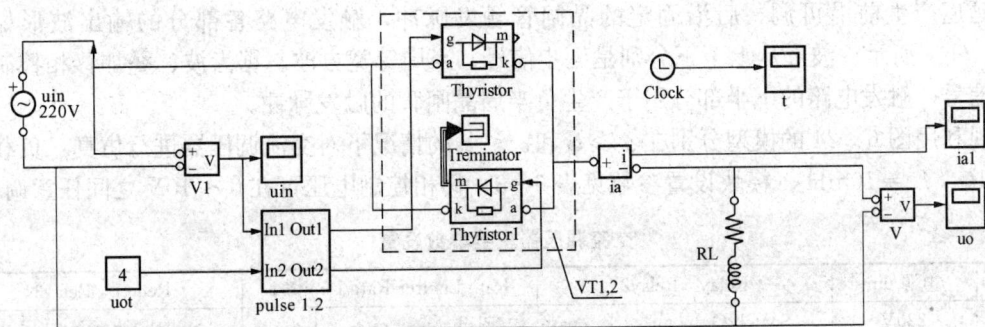

图 6-24　单相交流调压电路仿真模型

2. $0° \leqslant \alpha \leqslant \varphi$ 时

调压器输出处于失控状态，即虽然控制角变化，但负载电压不变，且是与电源电压相同的完整正弦波。这是因为阻感负载电流滞后于电压，因此如果控制角较小，在一个晶闸管电流尚未下降到零前，另一个晶闸管可能已经触发（但不导通），一旦电流下降到零，如果另一个晶闸管的触发脉冲还存在，则该晶闸管立即导通，使负载上的电压成为连续的正弦波，出现失控现象。正因为如此，交流调压器晶闸管必须采用后沿固定在 $180°$ 的宽脉冲触发方式，以保证晶闸管能正常触发。根据以上要求设计的交流调压触发器触发电路如图 6-25（a）所示。

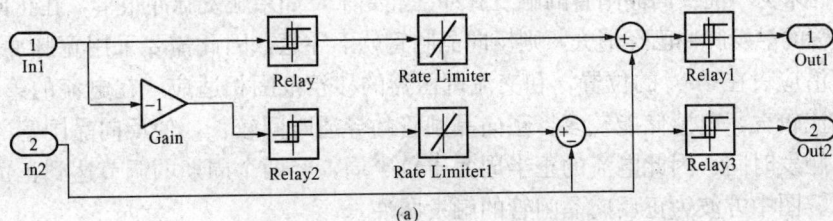

(a)

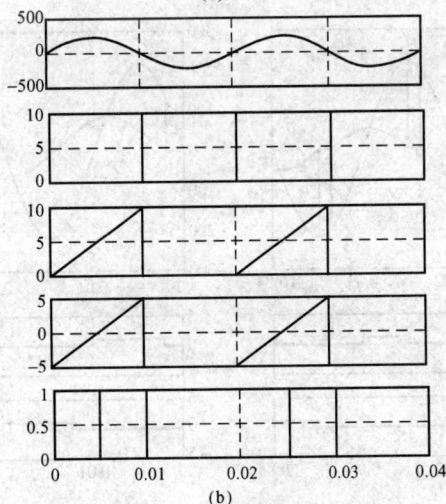

(b)

图 6-25　交流调压触发器
（a）触发电路；（b）波形

　　交流调压器的触发电路由同步、锯齿波形成和移相控制等环节组成。电路的输入端 In1
是同步电压输入端，同步电压经延迟 Relay 环节产生与同步电压正半周等宽的方波，该方波
经斜率设定产生锯齿波，锯齿波与移相控制电压（输入端 In2）叠加调节锯齿波的过零点，
在经延迟产生前沿可调、后沿固定的晶闸管触发脉冲，触发电路各部分的输出波形如图
6 - 25（b）所示。波形从上至下分别是同步信号、半周等宽方波、锯齿波、叠加移相控制和
触发信号。触发电路的下半部分用于产生负半周晶闸管的触发脉冲。

　　现利用图 6 - 24 的模型分别在 $\alpha \geqslant \varphi$ 和 $\alpha \leqslant \varphi$ 的情况下对交流调压器进行仿真，负载为
$R = 1\Omega$，$L = 10\text{mH}$。模块设置参数见表 6 - 3，移相控制电压可在 $0 \sim 10\text{V}$ 之间任意调节。

表 6 - 3　　　　　　　　　　　　交流调压器主要参数设置

模块	电源 uin	Relay　Relay2		Rate Limiter Rate Limiter1		Relay1　Relay3	
参数设置	˙220V	Switch On point	eps	Rising slew rate	1000	Switch On point	eps
	50Hz	Switch Off point	eps	Fallingslew rate	−1e8	Switch Off point	eps
		Output when on	10			Output when on	1
		Output when off	0			Output when off	0

　　单相交流调压器仿真结果如图 6 - 26 所示，图 6 - 26（a）所示的为移相控制电压 $U_{ct} = 5\text{V}$
时的调压器输出电压、电流波形。由于晶闸管的斩波作用并且控制角较大，输出电压、电流波
形的正负半周是不连续的，使输出电压有效值减小，实现了对交流电压的调节。图 6 - 26（b）
所示为 $U_{ct} = 2\text{V}$ 时的调压器输出电压、电流波形，由于控制角较小（$0° \leqslant \alpha \leqslant \varphi$），输出电压
和电流为完整的正弦波，交流调压器失去调压作用。比较电流和晶闸管的触发脉冲，可以看到
在正向电流尚未为零前反向晶闸管的触发脉冲已经到来，如果触发脉冲很窄，在正向电流到零
时反向晶闸管的触发脉冲已经消失，则反向晶闸管就不导通，因此需要采用宽脉冲触发方式，
且脉冲的后沿应设在 $180°$ 的位置，和交流调压器的移相范围相适应。在电流的第一个周期，
因为电感电流较大，电感储能较多，正向晶闸管的导通时间较长，使反向晶闸管的实际导通
时间滞后于触发时间，因此电流的正半周大于负半周，经两个周期的调节达到正负半周相等
的平衡状态。图中方波为正反向晶闸管的触发脉冲。

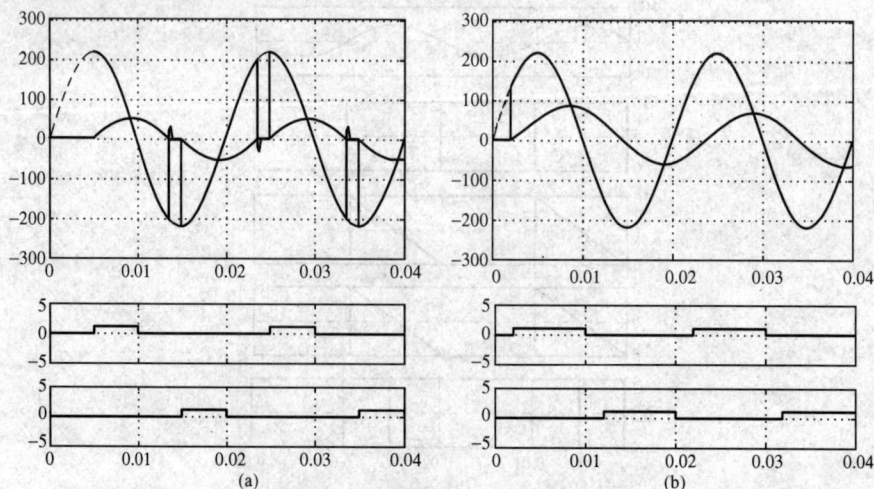

图 6 - 26　单相交流调压器仿真波形

(a) $U_{ct} = 5\text{V}$；(b) $U_{ct} = 2\text{V}$

第七章　谐振开关技术

内容提要与目的要求

掌握基本串联谐振电路和并联谐振电路原理；理解软开关技术的基本概念。

重点：谐振电路原理及电路分析。

第一节　概　述

硬开关 PWM（脉冲宽度调制）是指在功率变换过程中电力电子开关在开通和关断的瞬间均处于大电流或高电压的工作条件。图 7-1 给出了典型的硬开关过程中电流、电压和功耗的波形。从波形上可知，功率器件在高电压下开通、大电流时关断，要承受大的电压应力和热应力，且易超过其安全工作区。

硬开关存在如下的缺点：

（1）开关损耗大，限制了开关元件的工作频率。

（2）方波工作方式，产生较大的电磁干扰，电路存在着较大的动态电压、电流应力。

（3）在开关过程中，要求开关元件有较大的安全工作区。

（4）桥式电路拓扑，存在着上、下桥臂直通短路的问题。

自 20 世纪 70 年代开始，人们将谐振技术用到高频开关中，使功率器件在零电压或零电流条件下开通或关断，即软开关技术。以闸刀开关作形象比喻，如果能在闸刀推合和拉开的瞬间人为地令开关间的电压

图 7-1　PWM 变换器中功率晶体管集电极电流和电压及瞬时功耗

（a）i_{Lr}集电极电流和电压；（b）瞬时功耗

或电流为零，岂不就可以避免拉弧火花的产生？在功率变换技术中，其实就是在主开关器件关断或导通的瞬间，实现其两端电压或电流为零的技术。也就是 ZVS（零压开关）和 ZCS（零流开关）软开关技术。

软开关技术的发展经历了高频逆变器、缓冲电路和谐振开关三个阶段。

负载带有谐振电路的逆变器称为正弦波逆变器或高频逆变器，水银整流器时代就已开始研究。晶闸管时代，高频逆变器作为开关损耗少的逆变器而著称，与整流电路组合在一起的高频环节 DC—DC 变流器可算是最早实用化的软开关技术。

为了避免器件损坏或误动作，可使用抑制 du/dt、di/dt 的电压缓冲器和电流缓冲器。利用缓冲器，器件本身的开关损耗能减少，并能实现软开关动作。缓冲电路进一步发展，把电容和电感里积蓄的能量回馈到电源，称为无损耗缓冲器。

开关器件与谐振器结合构成谐振开关，即用软开关器件代替单个的半导体开关。1966 年 R. E. Morgan 用晶闸管做过软件仿真，即当今的 ZCS。1975 年 N. O. Sokal 提出"E 级放

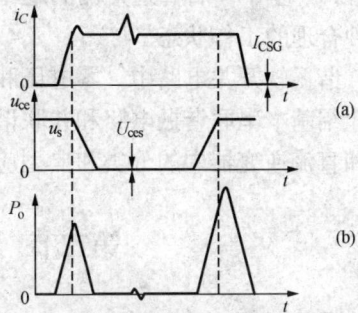

大器"，使用两个谐振器，使导通与关断时的 du/dt、di/dt 为零，对器件来说是理想的软开关。1984 年开始，F. Lee 对零电流开关、零电压开关进行了一系列研究，并命名为准谐振变流器。当时在小型 DC—DC 变流器上应用，开关频率为 0.5～2MHz，功率密度为 100W/($50\times50\times6$) mm³。1985 年美国弗吉尼亚工学院李泽元教授提出的谐振开关技术是在研究 DC—DC 变换器过程中发展起来的。这种谐振开关的原理也可以应用于 DC—AC 变换器。1986 年美国威斯康星大学的 D. M. Divan 教授提出了谐振直流环逆变器（谐振环）的概念，这对于谐振开关技术应用于 DC—AC 变换器领域起了很大的推动作用。谐振环的原理是把原先具有恒定直流电压的母线变成一个高频直流脉动或高频交流母线，从而在母线上出现电压（或电流）过零现象，挂在这样母线上的逆变器中的开关器件在同步信号的控制下，则能实现零电压或零电流条件下的开通和关断。1991 年 Jung. G. Cho 等人提出的新型并联谐振直流环软开关 PWM 变换器是一种比较理想的拓扑结构。

所谓的软开关转换，理论上其开关损耗为零。其优点如下：

（1）振式软开关转换无开关损耗，工作频率高。

（2）电磁干扰，开关转换过程中动态应力小。

（3）电能转换效率高，无吸收电路，散热器小。

（4）上下桥臂直通短路问题不存在了。在谐振直流环节的逆变器中，上下桥臂直通成了一种合理的工作状态。

谐振软开关电路中，零电压和零电流条件是由辅助的谐振电路所创造的。因此，本章首先介绍基本串联谐振电路和并联谐振电路的工作原理，然后，分别介绍软开关技术在开关电源和直流逆变器中的分类和典型应用。

第二节 谐振电路工作原理和开关损耗

一、串联谐振电路工作原理

如图 7-2（a）所示为负载与电容并联的串联谐振电路。图中 I_0 代表负载电流，U_d 和 I_0 为直流量，初始时间 t_0 时的初始条件为 I_{L0} 和 U_{C0}，电路的方程为：

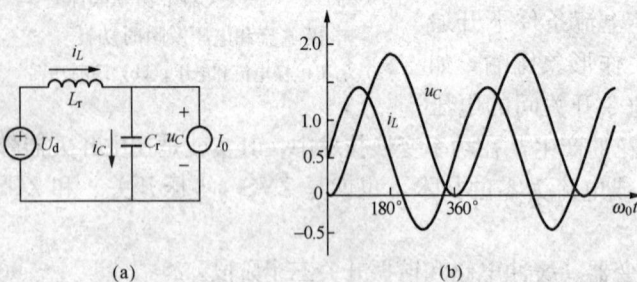

图 7-2 串联谐振电路及其电流和电压波形图
（a）串联谐振电路；（b）电压波形图

$$\left. \begin{array}{l} u_C = U_d - L_r \dfrac{di_L}{dt} \\ i_L - i_C = I_0 \end{array} \right\} \quad (7-1)$$

将式（7-1）微分可得：

$$i_C = C_r \frac{du_C}{dt} = -L_r C_r \frac{d^2 i_L}{dt^2} \quad (7-2)$$

将式（7-2）代入式（7-1）：

$$\frac{d^2 i_L}{dt^2} + \omega_0^2 i_L = \omega_0^2 I_0 \quad (7-3)$$

式中：ω_0 为谐振角频率，$\omega_0 = 1/\sqrt{L_r C_r}$。

当 $t \geqslant t_0$ 时方程的解为：

$$\left.\begin{array}{l} i_L(t) = I_0 + I_{L0} - I_0)\cos\omega_0(t - t_0) + \dfrac{U_d - U_{C0}}{Z_0}\sin\omega_0(t - t_0) \\[3mm] u_C(t) = U_d - (U_d - U_{C0})\cos\omega_0(t - t_0) + Z_0(I_{L0} - I_0)\sin\omega_0(t - t_0) \end{array}\right\} \quad (7\text{-}4)$$

式中：Z_0 为谐振阻抗，$Z_0 = \sqrt{L_r/C_r}$。

当 $U_{C0} = 0$，$I_{L0} = I_0$ 时，可得到如下公式：

$$\left.\begin{array}{l} i_L(t) = I_0 + \dfrac{U_d}{Z_0}\sin\omega_0(t - t_0) \\[3mm] u_C(t) = U_d[1 - \cos\omega_0(t - t_0)] \end{array}\right\} \quad (7\text{-}5)$$

二、并联谐振电路的工作原理

如图 7-3 所示为一无阻尼并联谐振电路，它由电流源供电，电路的初始条件为：在 $t = t_0$ 时有 I_{C0} 和 U_{C0}。状态变量为电感电流 i_L 和电容电压 U_C。其电路方程为：

$$\left.\begin{array}{l} i_L + C_r\dfrac{\mathrm{d}U_C}{\mathrm{d}t} = I_d \\[3mm] u_C = L_r\dfrac{\mathrm{d}i_L}{\mathrm{d}t} \end{array}\right\} \quad (7\text{-}6)$$

当 $t \geqslant t_0$ 时，上述两个方程的解为：

$$\left.\begin{array}{l} i_L(t) = I_d + (I_{L0} - I_d)\cos\omega_0(t - t_0) + \dfrac{U_{C0}}{Z_0}(t - t_0) \\[3mm] u_C(t) = Z_0(I_d - I_{L0})\sin(t - t_0) + U_{C0}\cos\omega_0(t - t_0) \end{array}\right\} \quad (7\text{-}7)$$

式中：$\omega_0 = \sqrt{L_r C_r}$，$Z_0 = \sqrt{\dfrac{L_r}{C_r}}$。

并联谐振电路的频率特性如图 7-4 所示。当负载为电阻 R_L 时，品质因数为：

$$Q = \omega_0 R_L C_r = \frac{R_L}{\omega_0 L_r} = \frac{R_L}{Z_0}$$

由图 7-4（b）可知，当负载值 R_L 一定时，以 Q 为参变量，电路阻抗 Z_P 是频率的函数。图 7-4（c）所示，电压相角为 $\theta = \theta_U - \theta_i$，它是频率的函数。当 $\omega_s < \omega_0$ 时，电压超前电流，电路中以感性电流为主，电压相角接近于 $90°$；当 $\omega_s > \omega_0$ 时，容性阻抗小于感性阻抗，电压滞后于电流，电压相角 θ 接近于 $-90°$。

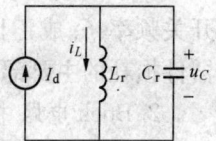

图 7-3　无阻尼并联谐振电路

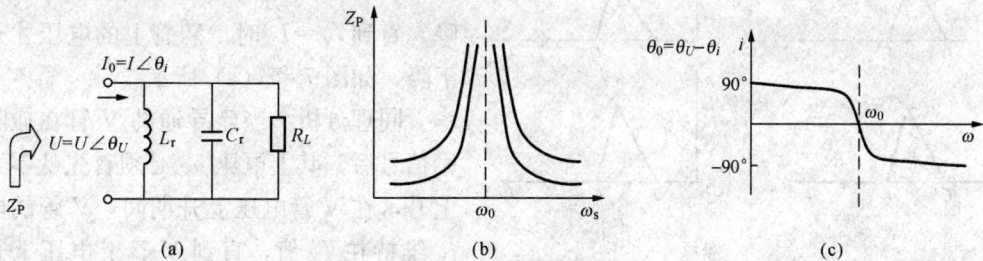

图 7-4　并联谐振电路的频率特性

三、软开关损耗

1. 典型的开关损耗

图 7 - 5 给出了纯阻负载电路中自关断器件开关工作时的典型电压和电流及其相应的开关能量损耗波形。很显然，器件在工作过程中的损耗包括下面四部分：

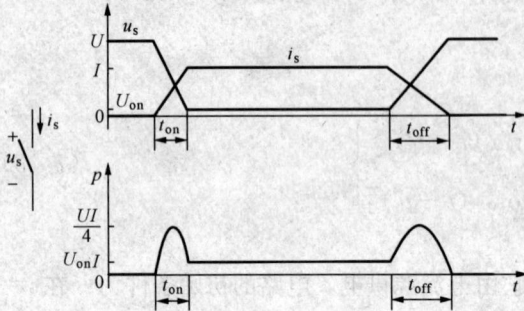

图 7 - 5　器件开关工作时的典型电压、电流
及能量损耗波形

（1）断态损耗（漏电流引起的）P_1；

（2）通态损耗 P_2；

（3）开通损耗 P_{on}；

（4）关断损耗 P_{off}。

那么，器件的总损耗为：

$$P = P_1 + P_2 + P_{on} + P_{off} \quad (7 - 8)$$

而器件的开关损耗定义为：

$$P_{sw} = P_{on} + P_{off} \quad (7 - 9)$$

通常，器件的断态损耗可以忽略，其通态损耗为：

$$P_2 \approx U_{on} I \quad (7 - 10)$$

若假定在开关过程中器件的电压和电流按线性规律变化，同时在计算时忽略 U（通态压降）和漏电流，则器件的开通和关断损耗分别近似为：

$$P_{on} = \frac{1}{6} f_{sw} U I t_{on} \quad (7 - 11)$$

$$P_{off} = \frac{1}{6} f_{sw} U I t_{off} \quad (7 - 12)$$

式中：f_{sw} 为开关频率。

式（7 - 11）和式（7 - 12）表明，器件的开关损耗同开关频率 f_{sw} 成正比。随开关频率增加，开关损耗将成为器件损耗的主要部分。

2. Buck 电路中器件的开关损耗

对于典型的 Buck 电路，当负载电流保持恒定时，其电路可等值于图 7 - 6。

在 V 管关断期间，负载电流 I_0 通过续流管 VD 继续流通。现给 V 管一个激励信号使其导通，VD 管中的电流

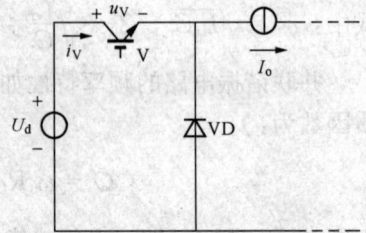

图 7 - 6　Buck 等值电路

逐渐向 V 管转移，因此在 V 管电流上升期间，V 管上的电压必须保持在 U_d 而不下降，直到 $i_V = I_0$ 时，V 管上的电压才开始下降，如图 7 - 7（a）所示。

同理分析，当已导通的 V 管在撤除激励信号后，其上电压 u_V 必须首先从零开始上升，在 V 管电压上升期间，V 管的电流 i_V 维持在 I_0 值，直到 V 管上电压上升到 U_d 时，V 管中的电流 i_V 才开始下降，如

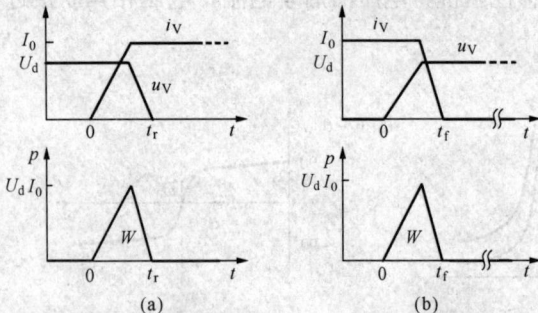

图 7 - 7　Buck 电路中器件开关工作波形及能量损耗波形
（a）开通时的波形；（b）关断时的波形

图 7 - 7（b）所示。

根据图 7 - 7 的波形，在线性假设条件下，器件的开通和关断损耗分别表示为：

$$P_{\text{on}} = \frac{1}{2} f_{\text{sw}} U_{\text{d}} I_0 t_{\text{r}} \qquad (7-13)$$

$$P_{\text{off}} = \frac{1}{2} f_{\text{sw}} U_{\text{d}} I_0 t_{\text{f}} \qquad (7-14)$$

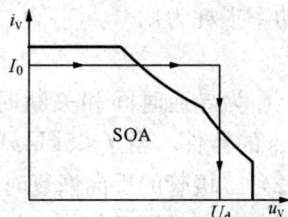

图 7 - 8　PWM 电路中器件的
开关过程的轨迹

(a) 开通时的波形；(b) 关断时的波形

比较式（7 - 12）和式（7 - 14）以及式（7 - 11）和式（7 - 13）可知，Buck 电路中器件的开关损耗更为严重。若 $I_0 = 50\text{A}$，$U_{\text{d}} = 400\text{V}$，$t_{\text{f}} = t_{\text{r}} = 0.5\mu\text{s}$，$f_{\text{sw}} = 20\text{kHz}$，那么器件开关过程的瞬时峰值功率将达 20kW，开通和关断的平均功率损耗为 100W。其开关过程的动态轨迹如图 7 - 8 所示。因此，对于 Buck 电路，要进一步提高其脉宽调制频率到兆赫级，困难很大。在开关电路中，增设缓冲网络，虽然能进一步降低开关器件的开关损耗，但缓冲网络的损耗仍然存在。

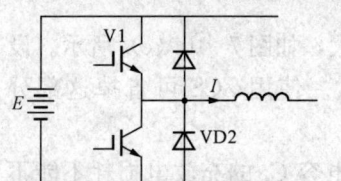

图 7 - 9　逆变器桥臂

3. PWM 逆变器的开关损耗

图 7 - 9 为 PWM 逆变器的一个桥臂，开关 V1 产生的损耗包括漏电流损耗、电压降损耗和开关损耗。

图 7 - 10 用来观察开关器件的动作波形。图 7 - 10（a）从 $0 \sim \infty$ 连续改变电阻 R_{v} 值，观察 V1 的开关动作，R_{C} 的压降表示导通时的电压降，流过 R_{L} 的电流表示关断时漏电流。对于电力半导体器件，一般稳态漏电流可以忽略。

开关动作时 V1 的电压 u_{ce} 和电流 i_{c} 的波形如图 7 - 10（b）所示。t_1 时刻，V1 触发导通，减小 R_{v}，V1 的电流 i_{c} 随时间增大；到 t_2 时刻，等于 I_0 在 $t_1 - t_2$ 期间，二极管电流从 I 减到零；t_2 以后，$i_{\text{c}} = I$，减小 R_{v}，V1 的电压 u_{ce} 变小；t_3 时刻，$R_{\text{v}} = 0$，导通结束。

t_4 时刻，关断 V1，增大 R_{v}，V1 的电压随时间增大；在 t_5 时刻，u_{ce} 等于电源电压 E，VD2 受正偏压；t_5 以后，V1 的电压 u_{ce} 等于电源电压，增大 R_{v}，i_{c} 减小；在 t_6 时刻，R_{v}

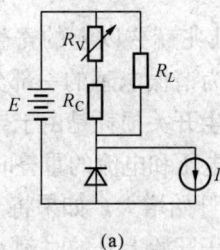
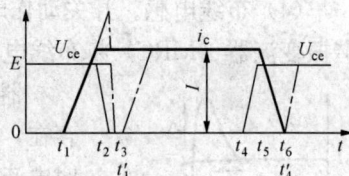

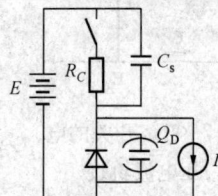

图 7 - 10　开关波形

$= \infty$，电流 I 全部通过二极管 VD2，关断结束。

开关损耗的原因与器件的导通关断时间、二极管反向恢复时间、器件的极间电容及布线电感有关。

（1）导通关断时间。开关消耗的瞬时功率如图 7 - 10（c）所示，峰值达 EI。由开关引起的功率损耗为：

$$P_a = 0.5EIt_s f \qquad (7 - 15)$$

式中：t_s 为导通时间和关断时间之和；f 为开关频率，与器件的开关时间成反比。比如，$t_s = 2\mu s$ 的器件，当 $f < 5kHz$ 时，开关损耗不到输出峰值的 1%，比导通损耗小。

（2）二极管的反向恢复时间。MOSFET 是高速开关器件，器件本身的导通时间、关断时间引起的损耗可以忽略，如图 7 - 10（d）所示，R_V 可用理想开关替换。导通时，在二极管反向恢复期间，V1—VD2 短路，V1 的损耗明显增大。二极管的反向恢复时间与载流子寿命时间基本相等，V1 增加的开关损耗为

$$P_b = E\tau I f \qquad (7 - 16)$$

式中：τ 为极管的载流子寿命时间。

二极管对 P 的影响程度与电源电压及二极管的累积电荷 Q_D 成正比，通常是，在器件的导通时间 t_s 上加上 2τ 即可。

开关波形如图 7 - 10（b）点划线所示，导通时产生的损耗大，如图 7 - 10（c）所示。设二极管的反向恢复时间为 100ns，当 $f > 50kHz$ 时，影响很大。使用 ZCS 可省掉这部分损耗。

（3）器件的极间电容。进行高频 ZCS 动作时，器件的极间电容 C_s 的充放电损耗不能不考虑。导通时 C_s 的累积电荷由 V1 短路而消耗，产生的损耗用下式表示：

$$P_c = 1/2 \times C_s E^2 f \qquad (7 - 17)$$

比如，$E = 200V$，$C_s = 1000pF$，$f = 500kHz$，得 $P = 10W$。相应地，开关器件的额定电流就降低了这部分的容量。

（4）布线电感。开关动作时有几兆赫兹以上的寄生振荡，导致 EMI 和高频损耗。复式谐振变流器（MRC）将布线电感作为谐振电感的一部分。

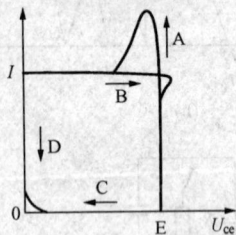

图 7 - 11　开关的电压电流轨迹

器件产生开关损耗是由于导通或关断时器件上同时有电压和电流存在，即有电压和电流的重叠时间，如图 7 - 10（b）虚线所示。导通时电流从 t_1 开始增大，如果将 t_1 延迟到 t_3 之后的 t_1'（电压为零），并将关断时电压开始上升的时刻 t_4 延迟到 t_4'，就不会发生开关损耗。

电压、电流的重叠时间靠器件自身是解决不了的。实现消除重叠时间或在重叠时间很小的状态下进行开关动作的控制技术都称为软开关技术。通过外部电路，使加在器件上的 du/dt 或 di/dt 减小是软开关技术的基本手段，对 EMI 很有效。

图 7 - 11 是器件的安全工作区，从 i_c、u_{ce} 的轨迹可以看出，硬开关时为 A、B，而软开关时为 C、D。很显然，软开关的电应力很小。

第三节　软开关电路的分类

根据开关元件开通和关断时的电压电流状态，分为零电压电路和零电流电路两大类。通常，一种软开关电路要么属于零电压电路，要么属于零电流电路。

运用软开关技术构成的变换器目前有准谐振型、零开关 PWM 型和零转换 PWM 型三

类。每一种软开关电路都可以用于降压型、升压型等不同电路，可以从基本开关单元导出具体电路。

一、准谐振变换器

准谐振变换器（Quasi-Resonant Converter—QRC）是在常规 DC—DC 开关变换器的基础上加上谐振电感和谐振电容形成的，谐振电感和谐振电容与原来 PWM 变换器中的功率器件一起构成谐振开关。在这种变换器的运行模式中将会出现谐振的工作模式，使功率开关管两端的电压或电流呈正弦波形，从而为功率开关管的开通和关断创造零电压或零电流的开关条件，减小了开关损耗。由于在一个工作周期内，既有谐振运行状态，又有非谐振运行状态，即在一个周期内并不是全部处于谐振状态，故称为准谐振状态。准谐振变换器分为两类：

（1）零电流准谐振电路（Zero-Current-Switching Quasi-Resonant Converter—ZCSRC）：谐振开关在零电流状态下开通和关断。

（2）零电压准谐振电路（Zero-Voltage Switching Quasi-Resonant Convener—ZVSQRC）：谐振开关在零电压状态下开通和关断。

软开关电路的基本结构如图 7-12 所示，有三种。

1）串联电感。它是 ZCS（Zero Current Switching）的基本结构。开关器件导通时，抑制 di/dt，消除了 U、i 的重叠时间，防止发生开关损耗，可在任意时刻以 ZCS 开通。关断之前，串联电感上的能量要放光（电流为零），以确保器件安全。

2）并联电容。它是 ZVS（Zero Voltage Switching）的基本结构。开关器件关断时，抑制 du/dt，消除 U、i 重叠时间，避免发生开关损耗。可在任意时刻以 ZVS 关断。器件开通之前，并联电容上的电荷要放光，以确保器件安全。

3）反并联二极管。当外电路电流流经二极管时，开关器件处于零电压、零电流状态。此时开通或关断开关器件，都是 ZVS、ZCS 动作。外电路由 LC 无源器件、辅助开关等谐振电路、辅助电路组成，也有同时使用电感和电容的情况。串联二极管也能使开关器件为零电压、零电流状态，但因为有导通损耗，一般不使用。串联电感的 ZCS、并联电容的 ZVS 与缓冲电路的想法一样。谐振型变流器兼用了反并联二极管的 ZCS 和 ZVS 的功能。

1. ZCS 型准谐振变流器

该方案利用串联电感实现 ZCS 导通，谐振时电感放电，再利用反并联二极管进行关断。图 7-13 是 ZCS 型准谐振变流器的基本结构。在反向导通的开关器件上串联谐振电感 L_r，外侧并联谐振电容 C_r，形成两波形零电流谐振开关。图 7-14 和图 7-15 分别为电压电流波形及其轨迹。t_0 时刻驱动开关器件导通，由于 L_r 的初始电流为零，开关动作属 ZCS。此后有 4 个动作期间。

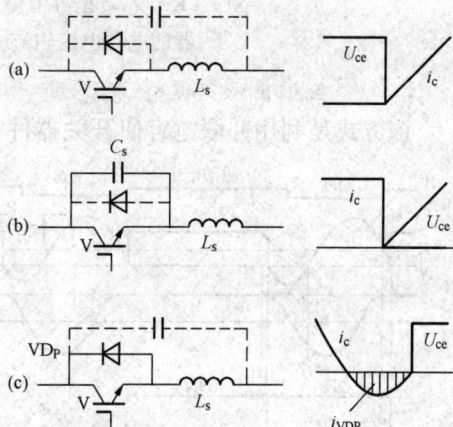

图 7-12 软开关电路基本结构
(a) 串联电感；(b) 并联电感；(c) 反并联二极管

$t_0 \sim t_1$（预备期间）：到 t_1 时刻，$i_L = I$，续流二极管的电流为零。

$t_1 \sim t_3$（谐振期间）：谐振的后半期间，i_L 变负，反并联二极管导通，此间关断开关。

$t_3 \sim t_4$（恢复期间）：t_4 时刻，续流二极管的电压为零。

$t_4 \sim \infty$（稳态期间）：I 流过续流二极管，谐振停止。该期间可以持续到任意时候。

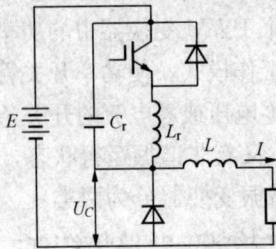

图 7-13　ZCS 型准谐振变流器

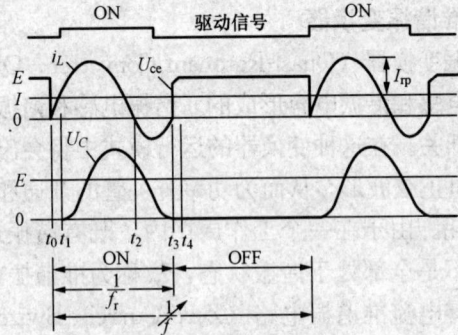

图 7-14　ZCS 型准谐振变流器的电压电流波形

谐振开关在 $t_0 \sim t_4$ 期间有一连串动作，中途不能停止，输出电压为 U_C 的平均值，以固定导通时间进行控制。该变流器没有开关器件和续流二极管之间的短路状态，开通与关断都属 ZCS 型。由于谐振电流的叠加，开关器件的电流有效值增大，导通损耗在最大输出功率时为硬开关的 1.5 倍以上，1/2 负载时为 3 倍。

使用 ZCS 方式使器件导通时，器件的极间电容上积蓄的电荷都被短路掉，该能量白白流失。因此，一般 ZCS 只用在 500kHz 以下。

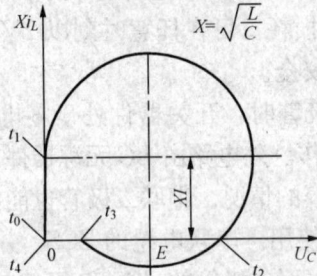

图 7-15　ZCS 型准谐振变流器的电压电流轨迹

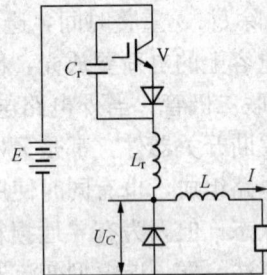

图 7-16　ZVS 型准谐振变流器的基本结构

2. ZVS 型准谐振变流器

该方式是利用并联电容使开关器件 ZVS 关断，由于谐振电容放电，并通过串联二极管导通而工作的，也有电路把串联二极管改为并联二极管。图 7-16 是 ZVS 准谐振变流器的基本结构，开关上并联谐振电容 C_r，其外侧串联谐振电感 L_r，构成零电压谐振开关。图 7-17、图 7-18 为其电压电流波形和电压电流轨迹，其动作原理与 ZCS 几乎是对偶的。

t_0 时，C_r 的初始电压为零，开关以零电压关断。

$t_0 \sim t_1$（预备期间）：C_r 以电流 I 充电，t_1

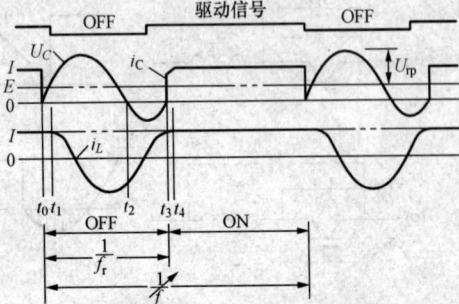

图 7-17　ZVS 型准谐振变流器的电压电流波形

时刻，续流二极管的电压为 0。

$t_1 \sim t_3$：（谐振期间）：续流二极管导通，L_r、C_r 谐振。在 $t_2 \sim t_3$ 期间，U_C 为负，串联二极管阻止了电压，此间以零电压开通。

$t_3 \sim t_4$（恢复期间）：i_L 增大，到 t_4 时刻，$i_L = I$，续流二极管的电流为零。

$t_4 \sim \infty$（稳态期间）：开关导通，I 流经开关，谐振停止，该期间可任意持续。

该准谐振变流器的关断时间是固定的，通过控制频率可以控制输出电压 u_o。准谐振 ZVS 实现零电压开通的条件是，谐振电压的峰值高于电源电压。由于峰值电压正比于 I，如果太小，如图 7-18 的 I' 所示，则 U_C 的最小值达不到零，满足不了零电压导通的条件。

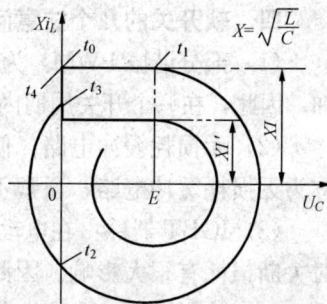

图 7-18 ZVS 型准谐振变流器的电压电流波形

谐振 ZVS 开关器件的极间电容是谐振电路的一部分，不造成损耗，适用于 500kHz 以上的高频动作，但负载范围窄，只适用于固定负载或接近于固定的负载。使用谐振开关能比较容易得到 ZCS、ZVS，从而减少开关损耗，与传统的 PWM 比较，开关频率可提高 10～100 倍。但存在如下问题（特别是效率方面）：①功率器件的电流有效值增加；②功率器件的电压峰值增大；③不能以固定频率进行 PWM 控制。

二、零开关 PWM 变流器

引入辅助开关来控制谐振的开始时刻，可以使谐振仅发生于开关过程前后。零开关 PWM 电路可以分为：

（1）零电压开关 PWM 电路（Zero-Voltage-Switching PWM Converter—ZVS PWM）；

（2）零电流开关 PWM 电路（Zero-Current-Switching PWM Converter—ZCS PWM）。

同准谐振电路比较，这类电路有很多明显的优势：电压和电流基本上是方波，只是上升沿和下降沿较缓，开关承受的电压明显降低。具体内容将在本章第五节讲述。

三、零转换 PWM 变流器

这类软开关电路采用辅助开关控制谐振的开始时刻，但谐振电路是与主开关并联的，因此输入电压和负载电流对电路的谐振过程影响很小，电路在很宽的输入电压范围内和从零负载到满载都能工作在软开关状态。而且电路中无功功率的交换被削减到最小，这使得电路效率有了进一步提高。零转换 PWM 电路可以分为：

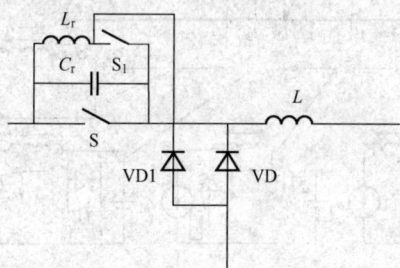

图 7-19 零电压转换 PWM 电路的基本开关单元

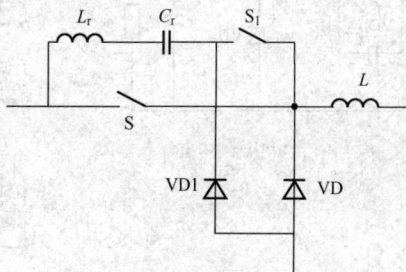

图 7-20 零电流转换 PWM 电路的基本开关单元

（1）零电流转换 PWM 电路（Zero-Current-Transition PWM Converter—ZVT PWM）；

（2）零电压转换 PWM 电路（Zero-Voltage-Transition PWM Converter—ZVT PWM）。

四、软开关的几个注意问题

（1）部分谐振 PWM：为了使效率尽量和硬开关时接近，必须防止器件电流有效值的增加，因此，在一个开关周期内，仅在器件开通和关断时使电路谐振，称为部分谐振。

（2）无损耗缓冲电路：使串联电感或并联电容上的电能释放时不经过电阻或开关器件，称为无损耗缓冲电路，通常不用反并联二极管。

（3）IGBT 器件：在电动机控制中主开关器件多采用 IGBT，IGBT 关断时有尾部电流，对关断损耗有很大影响。因此，关断时采用零电流时间长的 ZCS 更合适。

（4）并联谐振：在构造部分谐振电路时，应避免主电流通过谐振电路，即谐振电感应与主电路并联。谐振型 PWM 除导通损耗增加，器件的峰值电压增大等缺点外，其效率与硬开关 PWM 差不多。具体电路有谐振型 PWM、ZCT（Zero Current Transition）PWM 和 ZVT（Zero Voltage Transition）PWM 等。上述电路在降压、升压、升降压变流器上都能应用。

第四节　降压式准谐振变换器的原理分析

现以降压式准谐振变换器 ZCS—QRC 电路为例来说明其工作原理。当开关 S 闭合时，由于电感上的作用，S 在零电流条件下导通；S 导通后，电感 L 与电容 C 谐振，使通过开关器件的电流呈近似正弦波形，从而又为开关器件 S 的断开创造了条件；当电感电流谐振到零时，开关器件 S 可在零电流条件下关断。为了简化下面的分析过程，考虑到滤波电感在一个谐振周期中，电路中的电流可看作近似不变，因此滤波电路及负载将用一个恒流源等效代替，如图 7 - 21 所示。图 7 - 22 为电路在一个开关周期中的主要波形。图 7 - 21所示电路在一个开关周期中可分为 4 个时间段描述，相对应的电路拓扑模式如图 7 - 23所示。

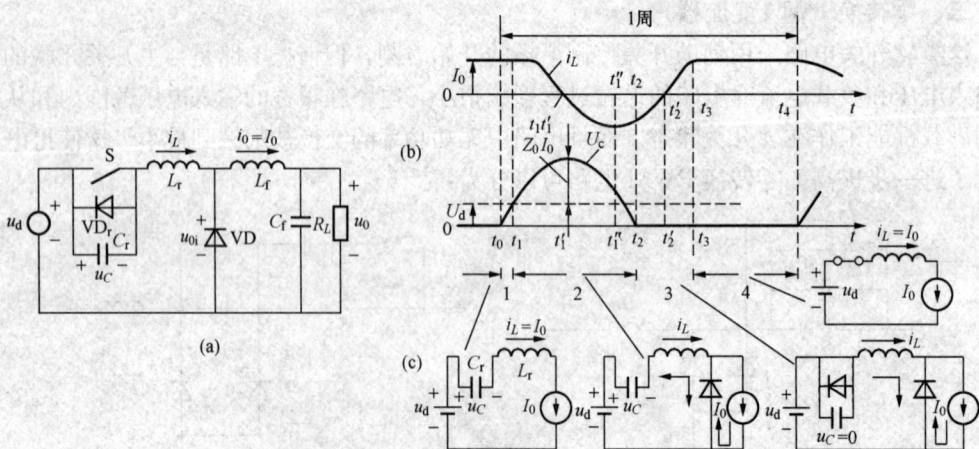

图 7 - 21　零电流开关准谐振 Buck 变换器
(a) 基本电路原理图；(b) 等效分析电路

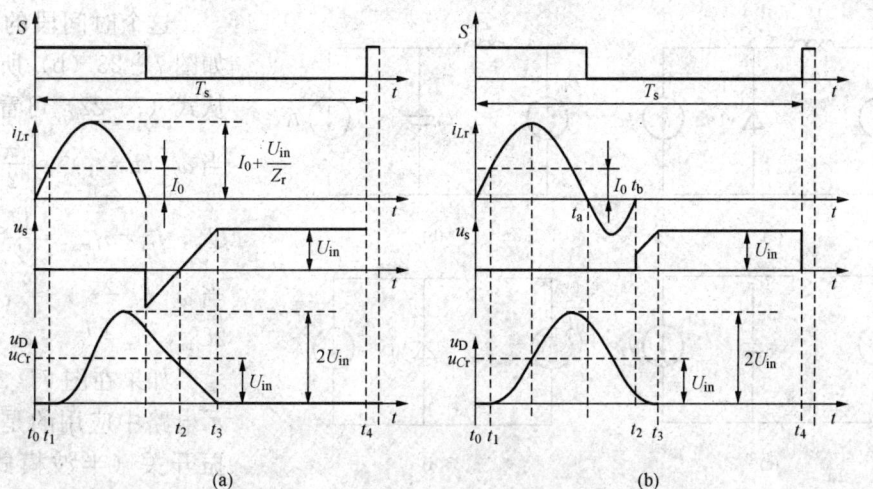

图 7 - 22　零电流开关准谐振 Buck 变换器电路波形
(a) 半波模式；(b) 全波模式

假定在初始时刻之前，开关 S 处于断开状态，输出电流 I_0 通过二极管 VD 续流，电容 C 上的电压为零，在 $t=t_0$ 时，开关 S 在零电流条件下导通。

(1) $t_0 \sim t_1$ 时间段。在这一时间段，开关 S 导通，电感电流 $i_{Lr}<I_0$，在电压 U_{in} 作用下线性上升，其等效电路如图 7 - 23 (a) 所示，这一时间段有：

$$u_{cr} = 0, \quad L_r \frac{di_{Lr}}{dt} = U_{in} \qquad (7-18)$$

初始条件为：$i_{Lr}(t_0)=0$

解方程式 (7 - 18) 并代入初始条件可得：

$$i_{Lr} = \frac{U_{in}}{L_r}(t - t_0) \qquad (7-19)$$

在 t_1 时刻，i_{Lr} 上升到等于输出电流 I_0，这个时间段结束，由式 (7 - 19) 可得这个时间段的长度：

$$T_1 = t_t - t_0 = \frac{L_r}{U_{in}} I_0 \qquad (7-20)$$

(2) $t_1 \sim t_2$ 时间段。在时刻 t_1，i_{Lr} 等于 I_0，二极管 VD 截止，电感 L_r 与电容 C_r 开始谐振，这时有：

$$\left. \begin{array}{l} -C_r \dfrac{du_{cr}}{dt} + i_{Lr} = I_0 \\[2mm] L_r \dfrac{di_{Lr}}{dt} = U_{in} - u_{cr} \end{array} \right\} \qquad (7-21)$$

初始条件：$i_{Lr}(t_1)=I_0$，$u_{cr}(t_1)=0$

解微分方程组 (7 - 21) 并代入初始条件可得：

$$\left. \begin{array}{l} i_{Lr} = \dfrac{U_{in}}{Z_r}\sin\omega_r(t - t_1) + I_0 \\[2mm] u_{cr} = U_{in}[1 - \cos\omega_r(t - t_1)] \end{array} \right\} \qquad (7-22)$$

式中：$\omega_r = \dfrac{1}{\sqrt{L_r C_r}}$ 为谐振角频率，$Z_r = \sqrt{\dfrac{L_r}{C_r}}$ 谐振电路的特性阻抗。

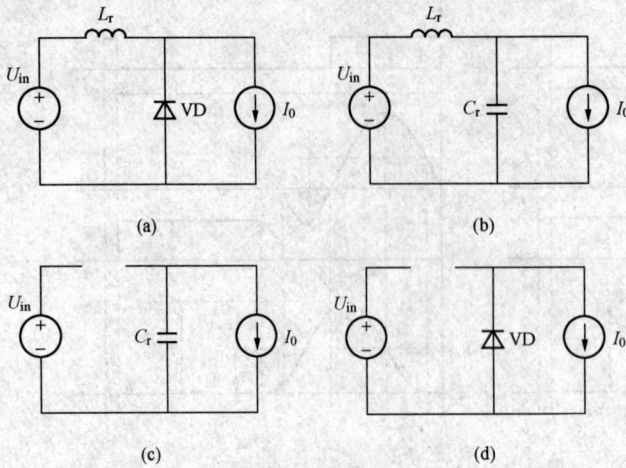

图 7 - 23　各时间段等效电路拓扑

这个时间段的等效电路如图 7 - 23（b）所示，另外从式（7 - 22）可看出：

当 $\omega_r(t-t_1)=\frac{\pi}{2}$ 时，$u_{cr}=U_{in}$，$i_{Lr}=i_{Lrmax}=\frac{U_{in}}{Z_r}+I_0$

当 $\omega_r(t-t_1)=\pi$ 时，$u_{cr}=2U_{in}$，$i_{Lr}=I_0$

如果在图 7 - 23（a）所示电路中应用的是半波型谐振开关（半波模式），则在 $\pi<\omega_r(t-t_1)<3\pi/2$ 的某一时刻 t_a，i_{Lr} 下降到零，这时开关 S 可以在零电流下断开，这个时间段结束。如果应用的是全波型谐振开关（全波模式），i_{Lr} 下降到零后，i_{Lr} 将通过开关 S 的反并联二极管继续向反方向谐振，并将能量反馈回输入电源，当 i_{Lr} 在时刻 t_b 从反方向再次谐振回零时这个时间段结束。在 $t_a\sim t_b$ 这段间隔，开关 S 可以在零电压零电流下完成关断过程，由此可得这个时间段长度：

$$T_2=t_2-t_1=\frac{1}{\omega_r}\arcsin\left(-\frac{I_0Z_r}{U_{in}}\right)=\frac{\theta}{\omega_r} \qquad (7-23)$$

式中：$\theta=\omega_r T_2$。

对于半波型谐振开关，$\pi<\theta<\frac{3}{2}\pi$，$t_2=t_a$。

对于全波型谐振开关，$\frac{3}{2}\pi<\theta<2\pi$，$t_2=t_b$。

（3）$t_2\sim t_3$ 时间段。这一时间段的等效电路拓扑如图 7 - 23（c）所示，在这个时间里开关 S 断开，二极管 VD 断开，输出电流通过电容 C 流通，电容电压处于线性放大状态，这时候有：

$$i_{Lr}=0,C_r\frac{du_{cr}}{dt}=-I_0 \qquad (7-24)$$

初始时刻：$u_{cr}=U_{in}(1-\cos\theta)$

解微分方程式并代入初始条件可得：

$$u_{cr}=-\frac{I_0}{C_r}(t-t_2)+U_{in}(1-\cos\theta) \qquad (7-25)$$

当 u_{cr} 在 t_3 时刻重新谐振回零时，二极管 VD 导通，$t_2\sim t_3$ 时间段结束。

由式（7 - 23）可知，$\sin\theta=-\frac{I_0Z_r}{U_{in}}$，则：

$$\cos\theta=sign\sqrt{1-\sin^2\theta}=sign\sqrt{1-\frac{I_0^2Z_r^2}{U_{in}^2}} \qquad (7-26)$$

对于半波模式，$sign=-1$，对于全波模式，$sign=+1$。

把 $u_{cr}(t_3)=0$ 及式（7 - 26）代入式（7 - 25）可得时间段长度：

$$T_3 = t_3 - t_2 = \frac{U_{in}C_r}{I_0}\left[1 - sign\sqrt{1 - \left(\frac{I_0Z_r}{U_{in}}\right)^2}\right] \tag{7-27}$$

（4）$t_3 \sim t_4$ 时间段。这一时间段的等效电路拓扑如图 7-23（d）所示。在这个时间段里，开关 S 断开，二极管 VD 导通，输出电流通过二极管 VD 续流，电容电压被钳位在零，这时有：$i_{Lr} = 0$，$u_{cr} = 0$。

这个时间段的长度取决于电路的开关周期。该电路的开关周期为 T_s，则：

$$T_4 = t_4 - t_3 = T_s - (T_{1+}T_{2+}T_3) \tag{7-28}$$

而 T_4 的长度将决定输出电压的大小，当下一开关周期到来时，开关 S 再次导通，T_4 时间段结束，整个开关周期也结束。

第五节　软开关中的 PWM 技术

准谐振变换电路和常规的 PWM 硬开关变换电路相比较，具有许多比较明显的优点，如：由于开关在零电压或零电流条件下完成开通与关断过程，电路的开关损耗大大降低，电磁干扰大大减小，变换电路可以以更高的开关频率工作，相应变换器的功率密度可以大大提高等。但二者也存在着一些明显的不足：除了开关器件可能承受过高的电压应力和电流应力外，QRC 变换电路的输出需采用调节频率的方法来控制，给实际应用带来了很多的麻烦。常规的 PWM 变换器其频率恒定，当输入电压或负载变换时，通常靠调节开关的占空比来调节输出电压，属恒频控制，控制方法简单；而对于 QRC 变换电路，当输入电压或负载在大范围内变化时，为了实现对输出电压的调节，变换器的开关频率也需大范围地变化，而变压器、电感等磁元件只能按最低频率设计，因此不可能做到最优化设计；另外，开关频率的大范围变化，给滤波器的设计也造成困难。为了克服 QRC 变换电路变频控制造成的诸多问题，在 20 世纪 80 年代后期和 90 年代初期，许多学者专家提出了能实现恒频控制的软开关 PWM 技术，希望通过采用这种技术使变换器同时具有 PWM 和准谐振变换器的优点，而且谐振过程可以被阻断，谐振时间可以被控制，在阻断期间，电路将以 PWM 开关模式工作，阻断过程结束后，电路可以继续完成谐振，这使得电路既可以通过频率调制方式又可以通过常规的 PWM 脉宽调制方式控制输出电压。软开关 PWM 技术的中心内容是：

（1）在电路开关器件发生状态转换时，开关器件工作于零电压或零电流条件下。

（2）当开关状态转换完毕之后，器件工作于硬开关 PWM 状态下。

软开关 PWM 技术分为两类：

（1）ZCS（零电流）—PWM 变换器：PWM 变换器中开关器件在零电流条件下发生状态转换。

（2）ZVS（零电压）—PWM 变换器：PWM 变换器中开关器件在零电压条件下发生状态转换。

下面分别对其工作原理进行分析。

1. 零电压谐振电路

图 7-24（a）所示为普通 BuckZVS—QRC 电路。在其基础上增加一个开关管 V 和二极管 VD2，就构成了 BuckZVS—PWM 电路，如图 7-24（b）所示。按前述定义，图 7-24

（b）所示电路仍然是属于串联模式（SM）。V2 和 VD2 的增加，使得电路可以很方便地实现 PWM 控制。实际上，V2 和 VD2 的增加，使得原来 ZVS—QRC 电路中主开关管的恒定断态时间变成可以根据输入电压及负载变化而进行调节的变量。在恒定开关频率下通过调解此段时间就可以实现调节输出电压的目的。新增加的开关 V2 和 VD2 是在零电流条件下完成开关过程的，因此，电路总的损耗量并未增加多少。

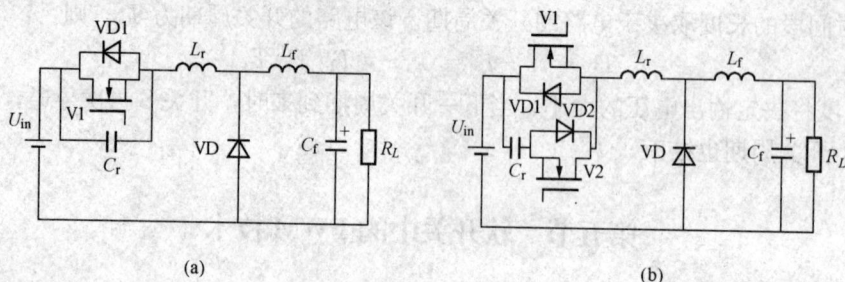

图 7-24 Buck ZVS—QRC 与 Buck ZVS—PWM 变换电路

图 7-24（b）所示电路的基本工作原理可简述如下：设初始时，电路中主开关管 V1 导通，辅助开关管 V2 关断，输出负载电流 I_0 全部通过 V1，一个开关周期从开关管 V1 的关断开始。当 V1 在 Snubber 电容 C_r 的作用下关断后，输出电流 I_0 迅速从 V1 转移到 C_r 上，之后，C_r 由恒定的电流 I_0 充电，其两端电压 u_{cr} 线性上升。当 u_{cr} 上升到等于输入电压 U_{in} 时，续流二极管 VD 导通。之后，L_r 与 C_r 开始谐振，电感电流以谐振方式衰减，电容电压以谐振方式上升。当电感电流 i_{Lr} 下降到零后，由于辅助开关管 V2 不导通，将保持在零态，电容电压 u_{cr} 达到最大值，并保持在该值上。这个状态的持续时间由电路输出电压的 PWM 控制要求确定。当 PWM 控制策略要求再次导通主开关管 V1 时，电路首先要导通辅助开关管 V2（在零电流下导通），V2 导通后，L_r 与 C_r 再次发生谐振（此时与常规的 ZVS—QRC 电路状态相同）。当电容电压 u_{cr} 谐振到零时，二极管 VD1 导通，电感电流 i_{Lr} 流过二极管 VD1 并逐渐衰减到零。在从二极管 VD1 导通到 i_{Lr} 衰减到零的一段时间间隔内，主开关管 V1 已在零电压下导通。另外，在二极管 VD1 通后的任何时刻，辅助开关管 V2 都可以在零电流下关断，因为全部电感电流流过二极管 VD1。电感电流 i_{Lr} 过零后，将在输入电压 U_{in} 的作用下线性上升，当 i_{Lr} 上升到等于 I_0 时，续流二极管 VD 自然关断，一个完整的开关周期结束。

从上述的工作原理可以看出，在 ZVS—PWM 电路中，所有的开关管及二极管都是在良好的工作条件下，即零电压或零电流条件下完成通断的。另外，电路可以以恒定的频率，通过调节脉宽的占空比来调节输出电压。

2. 工作过程分析

在对 Buck ZVS—PWM 电路一个开关周期的动态工作过程进行详细分析之前，同样需要作如下的几点假设：

（1）所有元器件都是理想的。

（2）滤波电感 L_f 足够大，变换器的输出可等效为一恒流源 I_0。

Buck ZVS—PWM 电路的一个开关周期可分为六个时间段描述，电路拓扑及主要电量波形如图 7-25 及图 7-26 所示，从图 7-25 所示可知，拓扑模式图 7-25（a）、（b）、（d）、（e）与 ZVS—QRC 电路完全相同。而拓扑模式图 7-25（c）、（f）则是标准的 PWM 运行模式。

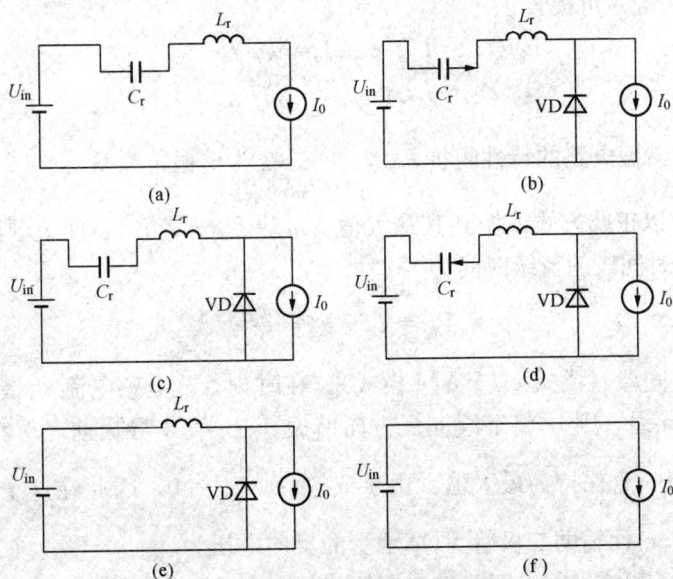

图 7 - 25 各时间段对应的等效电路拓扑

设电路的初始状态为主开关管 V1 导通，辅助开关管 V2 关断，续流二极管 VD 关断，输出电流 I_0 全部流过主开关管 V1 及电感 L_r。

（1）$t_0 \sim t_1$ 时间段（模式 a）。在时刻 t_0，主开关管 V1 关断，之后负载输出电流 I_0 全部流过电容 C_r。这个时间段的等效电路拓扑图如图 7 - 25（a）所示。在这个时间段有：

$$C_r \frac{\mathrm{d}u_{Cr}}{\mathrm{d}t} = I_0 \tag{7 - 29}$$

初始条件为：$u_{Cr}(t_0) = 0$

解方程式（7 - 29）可得：

$$u_{Cr}(t) = \frac{I_0}{C_r}(t - t_0) \tag{7 - 30}$$

当 u_{Cr} 在 t_1 时刻上升到等于输入电压 U_{in} 时，续流二极管 VD 导通，这个时间段结束。这个时间段的持续时间为：

$$T_1 = t_1 - t_0 = \frac{C_r U_{in}}{I_0} \tag{7 - 31}$$

（2）$t_1 \sim t_2$ 时间段（模式 b）。在时刻 t_1，u_{Cr} 等于 U_{in}，续流二极管 VD 导通，负载电流逐渐转移到 VD 上，电感 L_r 与电容 C_r 开始谐振。这个时间段的等效电路拓扑如图 7 - 25（b）所示。在这个时间段有：

$$\left. \begin{aligned} L_r \frac{\mathrm{d}i_{Lr}}{\mathrm{d}t} &= U_{in} - u_{Cr} \\ C_r \frac{\mathrm{d}u_C}{\mathrm{d}t} &= i_{Lr} \end{aligned} \right\} \tag{7 - 32}$$

初始条件为：$\begin{cases} u_{Cr}(t_1) = U_{in} \\ i_{Lr}(t_1) = I_0 \end{cases}$

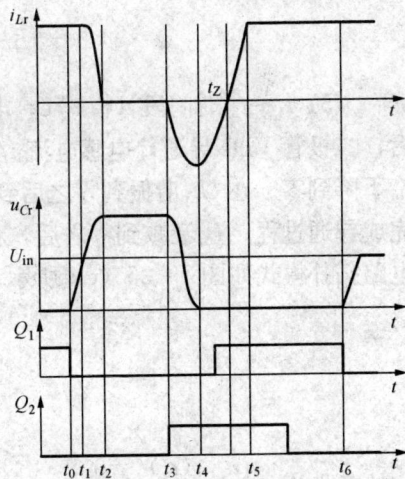

图 7 - 26 电量波形

解方程组（7 - 32）可得：

$$u_{Cr}(t) = U_{in} + Z_r I_0 \sin\omega_r(t - t_1)$$
$$i_{Lr}(t) = I_0 \cos\omega_r(t - t_1) \tag{7 - 33}$$

式中：$Z_r = \sqrt{\dfrac{L_r}{C_r}}$ 为谐振电路的特性阻抗，$\omega_r = \dfrac{1}{\sqrt{L_r C_r}}$ 为谐振角频率。

在时刻 t_2，u_{Cr} 以正弦方式谐振到其最大值（$u_{Cr} = U_{in} + Z_r I_0$），而 i_{Lr} 则谐振为零，这个时间段结束。这一时间段的持续时间为：

$$T_2 = t_2 - t_1 = \frac{\pi}{2\omega_r} \tag{7 - 34}$$

（3）$t_2 \sim t_3$ 时间段（模式 c，PWM 模式）。在时刻 t_2，电感电流 i_{Lr} 谐振到零，如果此时辅助开关管 V2 导通，则 i_{Lr} 将继续向反方向谐振。在 V2 未导通前，i_{Lr} 将一直保持为零，而电容电压 u_{Cr} 也将一直保持为最大值。由于 $u_{Cr} = L_r \dfrac{di_{Lr}}{dt} = 0$，因此在这个时间段，主开关管承受的电压为 U_{in}，而辅助二极管 VD2 承受的反向电压为 $u_{Crmax} - U_{in}$。在这个时间段，电路将以标准的 PWM 模式运行，对应的电路拓扑如图 7 - 25（c）所示。在这一时间段有：

$$u_{Cr}(t) = u_{Crmax} = U_{in} + Z_r I_0, i_{Lr}(t) = 0$$

这个时间段的长短 T_3（$= t_3 - t_2$）取决于电路 PWM 输出控制要求，如果 $T_3 = 0$，则电路的工作过程与 ZVC—QRC 变换器完全一样。

（4）$t_3 \sim t_4$ 时间段（模式 d）。在时刻 t_3，导通辅助开关管 V2（零电流下导通）之后，电感 L_r 与电容 C_r 再次谐振，这个时间段的等效电路拓扑如图 7 - 25（d）所示。这个时间段电路的动态工作过程仍可由式（7 - 32）描述。在时刻 t_4，电容电压 u_{Cr} 谐振到零，这个时间段结束。将 $u_{Cr}(t) = 0$ 代入到式（7 - 33），可得出 $t_1 \sim t_2$ 时间段与 $t_3 \sim t_4$ 时间段长度之和，即：

$$T_2 + T_4 = \frac{1}{\omega_r}\arcsin\left(\frac{-U_{in}}{Z_r I_0}\right) = \frac{\alpha}{\omega_r} \tag{7 - 35}$$

（5）$t_4 \sim t_5$ 时间段（模式 e，电感充放电模式）。在时刻 t_4，电容电压 u_{Cr} 谐振到零。之后，二极管 VD1 导通，电感电流 i_{Lr} 将通过 VD1 向输入电压放电从而线性下降。在时刻 t_5，i_{Lr} 下降到零。在 U_{Cr} 谐振到零之后到 i_{Lr} 衰减到零之前（$t_4 \sim t_5$），主开关管 V1 可在零电压下完成导通过程。I_{Lr} 衰减到零之后，将在输入电源电压 U_{in} 的作用下线性上升。这一时间段的电路拓扑模式如图 7 - 25（e）所示。在这一时间段有：

$$L_r \frac{di_{Lr}}{dt} = U_{in}$$
$$C_r \frac{du_{Cr}}{dt} = 0 \tag{7 - 36}$$

初始条件为：$\begin{cases} u_{Cr}(t_4) = 0 \\ i_{Lr}(t_4) = I_0 \cos\alpha \end{cases}$

解方程组（7 - 36）可得：

$$i_{Lr}(t) = \frac{U_{in}}{U_{in}}(1 - \cos\alpha) \tag{7 - 37}$$

当 i_{Lr} 上升到等于 I_0 时，即 t_5 时刻，这一时间段结束。将 $i_{Lr}(t_5) = I_0$ 代入上式可得这一时间段的长度：

$$T_5 = t_5 - t_4 = \frac{L_r I_0}{U_{in}}(1 - \cos\alpha) \tag{7-38}$$

（6）$t_5 \sim t_6$ 时间段（模式 f，PWM 模式）。在 t_5 时刻，i_{Lr} 上升到等于 I_0，续流二极管 VD 关断。之后，电感电流 i_{Lr} 将保持为 I_a。在这一时间段，电路将以标准的 PWM 方式运行，电流拓扑模式如图 7 - 25（f）所示。这一时间段的长度 $T_6 = t_6 - t_5$ 仍然取决于电路的 PWM 输出控制策略。

3. 零电流谐振电路

如图 7 - 27 所示是一个降压式准谐振变换器，工作原理同零电压式准谐振电路类似。

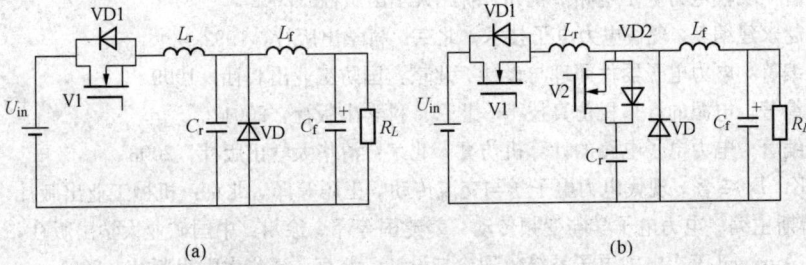

图 7 - 27　ZCS 谐振开关 DC—PC 变换电路

（a）Buck ZCS—QRC 变换电路；（b）Buck ZCS—PWM 变换电路

4. ZVS 同 ZCS 比较

在 ZVS 中开关承受的最大正向电压为 $U_d + Z_0 I_0$，它比电源电压大；而在 ZCS 中，开关承受的最大正向电流为 $I_0 + U_d/Z_0$，它比负载电流大。一般情况下，在开关频率较高时，ZVS 比 ZCS 开关损耗小，因而更实用。

参 考 文 献

1. 王兆安，黄俊主编. 电力电子技术. 北京：机械工业出版社，2002
2. 赵良炳编著. 现代电力电子技术基础. 北京：清华大学出版社，1997
3. 林辉，王辉编. 电力电子技术. 武汉：武汉理工大学出版社，2002
4. 张一工，肖湘宁编著. 现代电力电子技术原理与应用. 北京：科学出版社，2000
5. 林渭勋著. 现代电力电子电路. 杭州：浙江大学出版社. 2002
6. 张立，赵永建编著，现代电力电子技术. 北京：科学出版社，1992
7. 杨晶琦编著. 电力电子器件原理与设计. 北京：国防工业出版社，1999
8. 陆治国编著. 电源的计算机仿真技术. 北京：科学出版社，2001
9. 陈建业编著. 电力电子电路的计算机仿真. 北京：清华大学出版社，2003
10. Bimal K. Bose 著. 现代电力电子学与交流传动. 王聪等译. 北京：机械工业出版社，2005
11. B. K 博斯主编. 电力电子学与变频传动. 姜建国等译. 徐州：中国矿业大学出版社，1999
12. Jai P. Agrawal 著. 电力电子系统—理论与设计. 北京：清华大学出版社，2001
13. Muhammad H. Rashid 著. 电力电子技术手册. 陈建业等译. 北京：机械工业出版社，2004
14. 洪乃刚编. 电力电子与电力拖动控制系统的 Matlab 仿真. 北京：机械工业出版社，2006
15. 陈坚编著. 电力电子学—电力电子变换和控制技术. 北京：高等教育出版社，2002
16. 陈国呈编著. PWM 变频调速及软开关电力变换技术. 北京：机械工业出版社，2002